U0315546

河北省耕地地力评价与利用丛书

河北省正定县耕地地力评价与利用

崔瑞秀　廖文华◎主编

知识产权出版社

全国百佳图书出版单位

图书在版编目（CIP）数据

河北省正定县耕地地力评价与利用／崔瑞秀，廖文华主编．—北京：知识产权出版社，2016.4

（河北省耕地地力评价与利用丛书）

ISBN 978－7－5130－4078－5

Ⅰ．①河…　Ⅱ．①崔…②廖…　Ⅲ．①耕作土壤—土壤肥力—土壤调查—正定县②耕作土壤—土壤评价—正定县　Ⅳ．①S159.222.4②S158

中国版本图书馆 CIP 数据核字（2016）第 039131 号

内容提要

《河北省正定县耕地地力评价与利用》是依据耕地立地条件、土壤类型、土壤养分状况等对正定县耕地地力的综合评价，是全国测土配方施肥工作的内容之一。全书共十章，主要包括自然与农业生产概况、耕地地力调查评价的内容和方法、耕地土壤的立地条件与农田基础设施、耕地土壤属性、耕地地力评价、蔬菜地地力评价与科学管理、中低产田类型及改良利用、耕地资源合理配置与种植业布局、耕地地力与配方施肥等内容。书中系统阐述了土壤有机质、全氮、有效磷、速效钾、缓效钾等土壤养分现状与变化，氮、磷、钾在主栽作物上的产量效应，土壤供氮、磷、钾的能力以及作物持续高产下的推荐施肥量。第十章中将正定县土壤养分现状与第二次土壤普查的土壤养分结果进行了详细对比，便于读者了解三十年来正定县土壤养分时空变化以及长期施肥对耕地地力的影响。

本书主要涉及土壤、肥料、植物营养等学科内容，可供农业管理人员及土壤、肥料、农学、植保等专业的院校师生阅读和参考。

责任编辑：范红延　　　　　　　　　　责任校对：谷　洋

封面设计：刘　伟　　　　　　　　　　责任出版：孙婷婷

河北省耕地地力评价与利用丛书

河北省正定县耕地地力评价与利用

崔瑞秀　廖文华　主编

出版发行：知识产权出版社 有限责任公司　　　网　　址：http：//www.ipph.cn

社　　址：北京市海淀区西外太平庄 55 号　　　邮　　编：100081

责编电话：010－82000860 转 8026　　　　　　责编邮箱：1354185581@qq.com

发行电话：010－82000860 转 8101/8102　　　发行传真：010－82000893/82005070/82000270

印　　刷：北京中献拓方科技发展有限公司　　经　　销：各大网上书店、新华书店及相关专业书店

开　　本：787mm×1092mm　1/16　　　　　　印　　张：13.75

版　　次：2016 年 4 月第 1 版　　　　　　　　印　　次：2016 年 4 月第 1 次印刷

字　　数：323 千字　　　　　　　　　　　　　定　　价：89.00 元

ISBN 978－7－5130－4078－5

本 书 编 委 会

前　言

　　土壤是发育在地球表面，具有肥力特征且能够生长绿色植物的疏松物质层，土壤由固、液、气三相组成，这三相物质是土壤肥力的物质基础。土壤肥力是土壤物理、化学和生物学性质的综合反映。土壤肥力分为自然肥力和人为肥力：自然肥力是指土壤在气候、生物、母质、地形和年龄五大成土因素综合作用下发育的肥力；人为肥力是指耕种熟化过程中发育的肥力，即耕作、施肥、灌溉及其他技术措施等人为因素作用的结果。土壤生产力是由土壤本身的肥力属性和发挥肥力作用的外界条件所决定的，因此土壤肥力只是生产力的基础而不是生产力的全部。

　　耕地是指种植农作物的土地，包括新开荒地、休闲地、轮歇地、旱田轮作地；以种植农作物为主，间有零星果树、桑树或其他树木的土地；耕种 3 年以上的滩涂和海涂。耕地中还包括沟、渠、路和田埂（南方宽小于 1m，北方宽小于 2m），临时种植药材、草皮、花卉、苗木等的土地，以及其他临时改变用途的耕地。耕地地力受气候、地形、地貌、成土母质、土壤理化性状、农田基础设施及培肥水平等因素的影响，是耕地内在基本素质的综合反映，耕地地力体现的是土壤生产力。

　　耕地是农业生产最基本的资源，耕地地力直接影响到农业生产的发展，耕地地力评价是本次测土配方施肥工作的一项重要内容，是摸清我国耕地资源状况、提高耕地利用效率一项重要基础工作。县域耕地地力评价是以耕地利用方式为目的，评估耕地生产潜力和土地适宜性，主要揭示耕地生物生产力和潜在生产力。本书是对河北省正定县县域耕地地力进行评价。由于县域气候因素相对一致，因此，县域耕地地力评价的主要依据是县域的地形和地貌、成土母质、土壤理化性状、农田基础设施等因素相互作用表现出来的综合特征，揭示耕地潜在生物生产力的高低。

　　河北省正定县的测土配方施肥工作始于 2009 年，2011 年 12 月完成了全部的野外取样和土壤样品分析化验工作。按农业部测土配方施肥工作要求，GPS 定位取土样点2000 个，每个土壤样品分别测定了土壤 pH 值、有机质、全氮、有效磷、速效钾、碱解氮、有效铜、有效铁、有效锰、有效锌等技术指标。同时，2009～2011 年每年分别在高、中、低肥力的土壤上完成了玉米、花生的"3414"试验。本次耕地地力评价的主要数据来自测土配方施肥项目的土壤养分测试结果和"3414"田间肥料效应试验结果。测土配方施肥工作涉及土壤取样、分析化验、"3414"试验等工作均由正定县农业畜牧局完成。项目实施中得到了上级主管部门的关心和支持，为项目顺利完成提供各项保障。

　　河北农业大学依据正定县农业畜牧局提供本次测土配方施肥工作中的土壤养分测定结果、"3414"试验结果、第二次土壤普查的土壤志、土壤图，以及土地利用现状图、行政区划图等材料完成了正定县的耕地地力评价（2012 年年底，正定县耕地地力评价已通过河北省农业厅土壤肥料总站验收，并报送农业部），组织撰写《河北省正定县耕地地力评价与利用》书籍。为便于读者了解近三十年来正定县土壤养分的变化，书中对正定县的土壤养分现状与第二次土壤普查的土壤养分测定结果进行了详细的对比，为科学管理土壤养分和确定合理施肥量提供了参考。

本书撰写分工为：第一章，第三章，第六章，第七章，第八章，第九章第一、第三、第四、第五节和第十章由正定县农业畜牧局崔瑞秀、刘存、李琴、赵姗姗、刘丽云、李政坤、陈海峰、吕英华、冯红恩、刘克桐、李娟茹、田红卫、许永红、丁月芬、李智慧、张艳花、李莉、于润培、沈艳、李霞、左秀丽等人编写；前言、第二章，第四章，第五章，第九章第二节以及土壤养分图由河北农业大学刘建坽、廖文华、土贵政等人编写。全书由廖文华统稿和定稿，并对第一章、第三章、第七章、第九章进行了修改和充实。全书由崔瑞秀、廖文华校对和整理；黄欣欣、汪红霞、孙伊辰、张伟、董若征、陈丽丽等参加数据统计整理等工作。

特别说明的是，根据农业部耕地地力评价的要求，书中第二章耕地地力评价的方法采用农业部要求的统一方法。第一章、第三章涉及的正定县气候特点、土壤类型、土壤母质等，均引用了正定县第二次土壤普查的土壤志以及相关总结和数据材料，参考了河北省土壤志、河北省第二次土壤普查汇总材料等资料。在此，编委会向前辈们对土壤工作的巨大贡献表示由衷的感谢，对所有参加 1978 年土壤普查和本次测土配方施肥工作人员深表敬意。

本书各章节编排依据于河北省土肥站提供的模板，在写作过程中得到了正定县农业畜牧局李政琨局长的大力支持和河北省土肥总站、石家庄市土肥站等省、市级农业部门领导的指导，在此深表谢意。本书的出版得益于知识产权出版社有限责任公司范红延女士的大力支持，她在本书的编辑和优化上花费了大量的心血，在此致以诚挚的谢意。

由于写作时间仓促以及作者学识水平所限，书中难免有不足之处，敬请各级专家及同仁提出意见和建议。

编　者

2016 年 1 月

目　　录

第一章 自然与农业生产概况

第一节 自然概况

一、地理位置与行政区划

（一）地理位置

正定县位于河北省中南部，北与新乐市、行唐县接壤，西与灵寿县、砾庄市相邻，南与石家庄市、栾城县搭界，东与藁城市毗邻。正定县地理坐标为北纬37°58′至38°21′，东经114°23′至114°42′。海拔高度在105m（陈家疃一带）至65m（蟠桃一带），高差40m。正定县地处冀中平原，古称真定，历史上曾与北京、保定并称"北方三雄镇"，是河北省会石家庄的北大门，地理位置优越，交通便利，京广铁路、京石高铁、107国道、京深高速公路纵贯南北，石德铁路、石太铁路、307国道、石黄高速公路穿境而过，坐落境内的石家庄机场已开通40多条国内外航线。作为国家历史文化名城，正定历史悠久，名胜古迹众多，文化积淀深厚，享有"古建筑宝库"的美誉。

（二）行政区划

正定由真定所改，而正定古名安乐垒，建置于公元352年。后因沿袭真定之名，清时改为正定。中华人民共和国成立后，属河北省石家庄地区行政督察专员公署。

1983年11月至1985年4月对部分乡镇作了改置和变动。乡镇改置变动如下：

乡镇区域变更后，正定县辖1个街道（城区街道）、4个镇（正定镇、诸福屯镇、新城铺镇、新安镇），5个乡（南牛乡、南楼乡、曲阳桥乡、西平乐乡、北早现乡），174个行政村，186个自然村。

正定县境总面积468km²，截至2010年，全县耕地面积445875亩，总人口468156人，其中农业人口356242人，农村劳动力224129个。具体见表1-1。

表1-1 2010年各乡镇总面积及所辖村庄个数

乡镇	面积/亩	村庄/个	总人口/人	农村劳动力/人
城区街道	—	—	41970	—
正定镇	71145	49	99874	45300
诸福屯镇	35130	10	38393	20029
新城铺镇	34215	14	35681	19021

乡镇	面积/亩	村庄/个	总人口/人	农村劳动力/人
新安镇	40335	14	40871	21757
南牛乡	40125	16	44442	25270
南楼乡	95940	22	54230	31735
西平乐乡	26940	10	22171	13947
北早现乡	41220	19	39604	21241
曲阳桥乡	60825	20	50920	25829

注：数据资料来自 2010 年正定县国民经济统计资料。

1982 年以前为公社单位，与目前乡镇对照结果见表 1 - 2。

表 1 - 2　目前乡镇与 1982 年公社对照表

目前乡镇	1982 年公社	目前乡镇	1982 年公社
正定镇	正定镇	西平乐乡	平乐
	三里屯	南楼乡	南楼
	柏棠		完民庄
诸福屯镇	诸福屯		里双店
	朱河	曲阳桥乡	曲阳桥
	永安		韩家楼
北早现乡	北早现	以下各乡划归石家庄市	兆通
	南岗		南村
南牛乡	南牛		宋营
	曹村		留村
新城铺镇	冯家庄		廿里铺
	新城铺		
新安镇	权城		
	吴兴		

注：数据资料来自 2010 年正定县国民经济统计资料、正定县土壤志。

二、自然气候与水文地质

(一) 自然气候

按照"中国自然区划"，正定县位于北温带半干旱、半湿润季风气候区。属于温带大陆性季风气候，其特点是大陆季风气候明显，春秋短，冬夏长，四季分明。

1. 季风

正定县的气候特点属于半湿润半干旱季风气候区，年平均风速为 1.4m/s，7 级以上大风天数 9 天，全年主导风向西北风。

2. 日照与辐射

平均年日照时数为 2527h，一年中春季日照最多，历年平均 742.9h，占年日照总时数的 29%；冬季日照最少，历年平均 542.7h，占年日照总时数的 21.1%。气温 ≥0℃ 的日照时数为 2097.9h，日平均日照 7.4h。由于 7~8 月是降雨高峰，日平均日照仅有 6.5h。一年中，晴天日数历年平均 108.3d，最多 133d（1982 年），最少 92d（1959 年）。

太阳辐射总量多年平均 127.8 千卡/cm²。5 月最多，平均 16.1 千卡/cm²；12 月最少，平均 6.1 千卡/cm²。农作物生长旺盛的 5~9 月，辐射量 66.7 千卡/cm²，占辐射总量的 52%。

3. 气温

据正定县气象站资料，年平均气温 13.1℃，年极端最高气温 42.8℃（2004 年 7 月 15 日），极端最低气温 −26.5℃（1951 年 1 月 8 日）。平均相对湿度 62%。一年中，7 月最热，日平均气温 25.5℃；1 月最冷，日平均气温 −3.4℃。气温年较差 28.9℃，气温日较差平均 11℃ 以上。春季升温和秋季降温比较明显，昼夜温差达 12℃ 以上，日平均气温大于 0℃ 积温 4786℃，间隔 285d。日平均气温大于 10℃ 积温 4347℃，间隔 207d。

4. 地温和无霜期

平均地温（50mm）13.8℃。无霜期 180~225d。初霜日平均为 10 月 17 日，终霜日平均为 4 月 4 日，无霜期年平均 198d。土壤开始冻结日平均在 11 月 12 日，最早 10 月 14 日（1961 年）。土壤终冻日平均在 3 月 13 日，最晚 3 月 31 日（1985 年）。多年最大冻土深度达 54cm（1984 年）。

5. 降水

受大陆季风气候影响，正定县降水量呈年际变化大、年内分布不均等特点。1996 年降水量最多达 783mm，1975 年降水量少，仅 266mm。多年均降水量为 552.5mm，年内降水高度集中于夏季，多年平均夏季降水 348.7mm，占全年降水总量的 66.4%，秋季降水占 19%，冬季降水占 2.6%。春旱现象严重，春旱年份占 74.1%。春季降水量为 66.3mm，占全年降水量的 12%。常年蒸发量为 1800.0mm，蒸发量为降雨量的 3.5 倍。

正定县历年降雨量见表 1-3。

表 1-3 正定县历年降雨量　　　　　　　　单位：mm

年份	1972	1973	1974	1975	1976	1977	1978	1979	1980	1981
降水量	275	651	442	266	694	681	441	515	425	329
年份	1982	1983	1984	1985	1986	1987	1988	1989	1990	1991
降水量	602	407	315	489	320	320	631	374	715	510

年份	1992	1993	1994	1995	1996	1997	1998	1999	2000	2001
降水量	326	430	420	712	783	315	454	445	445	311
年份	2002	2003	2004	2005	2006	2007	2008	2009	2010	2011
降水量	534	514	534.8	496.3	391.7	539.4	687	564.6	424.9	527.3

注：数据资料来自正定县气象局、正定县国民经济统计资料。

6. 分季气候特点

（1）春季（3~5月）：气候比较温和。平均气温13.8℃左右，但干旱少雨，大风较多，季降水64mm，占全年11.8%，季蒸发619.9mm，蒸发量为降水量的70倍，常年春旱，对小麦生长和春播威胁很大，5月多次出现干热风，对小麦灌浆成熟非常不利。土壤水分降低，有利于土壤矿物质氧化和淀积，土壤有机质的合成和分解缓慢。

（2）夏季（6~8月）：气候潮湿、炎热、雨量多而集中。平均气温25.6℃，降水363mm，多集中在7~8月，占全年67%，季蒸发650.1mm，近2倍于降水量。虽然高温多湿的夏季有利于表层黏粒下移，在心土层积聚黏化，碳酸钙和其他易溶性矿物质受机械淋溶，土壤微生物活动旺盛。有利于土壤养分的转化，但因雨量集中，易形成沥涝，对农业生产不利。

（3）秋季（9~11月）：秋高气爽，气候宜人，平均气温13℃，温度下降率和昼夜温差较大，降水100mm，占全年的18.5%，蒸发量329.1mm，为降水量的3.3倍，秋季冷热变化显著，有利于秋作物干物质的积累。秋耕又是正定县补充土壤有机质的重要途径之一，但秋季有些年份初霜来临较早，危害农业生产。

（4）冬季（12~2月）：盛行偏北大风，气候寒冷干燥，降水稀少，平均气温-1.8℃，降雪15mm，蒸发147.5mm，为降水的9.8倍，天寒地冻，土壤水热变化，物质转化都很缓慢，比较稳定，干寒少雪，对越冬作物不利。

总之，正定县气候易旱不易涝，但雨量分布不均，又易形成春旱秋涝。热量较丰富，≥10℃积温4347℃。可基本满足二年三熟和一年两熟作物生长的需要。

（二）水文状况

1. 河流

滹沱河发源于山西繁峙县泰戏山下孤山村一带，流经代县、原平县及忻定盆地，自东冶镇以下转入太行山东坡，从猴刎入平顶山，经岗南水库、黄壁庄水库和灵寿县，自正定县北白店村西入境，流经正定县4个乡镇、44个村；东南从朱河出境，至大丰屯村北出境入藁城市，经无极、晋县、深泽、安平、饶阳等县，至献县老河口与滏阳新河汇合入海。滹沱河是流经正定县的最大河流，位于县中南部，距城南门不足1km，为西北—东南流向。境内长34.6km，河床宽3~5km不等；河道占地面积93.3km²；境内流域面积333km²。

木刀沟位于正定县境北部，是一条洪水河道，属大清河水系，发源于灵寿县马坊岩,西从南楼乡陈家疃入境,东经西平乐乡出境,流经正定县2个乡、7个村;境内长10km,安全泄洪流量800m³/s,流域面积170.5km²。近年来已形成为一条干涸河道,并逐步开发改为农、林、牧、副生产场地,故道内有解放军农场、县农林牧场及乡属小农场,造防风林带4万亩,利用面积约占故道面积的70%。

磁河于正定县西北陈家疃村、西宿村一带入境,西北—东南向,至东咬村、东杨庄一带出境入藁城市,境内长23.5km,宽5km,河道总面积6.15万亩,久无水,也不行洪,为干枯沙质河滩,俗称"老磁河",也称"磁河故道"。

2. 地下水

正定县地质构造沙卵石比例较大,天然补给条件好。全县地下水综合补给量1.8亿立方米。浅水层含水组(0~70m)蓄积量338亿立方米;中层承压水组(70~160m)蓄积量为661亿立方米。水质好,矿化质在0.2~1g/L,pH值在6.5~7.8,汲取地下水不需要做任何处理即可直接使用,是理想的生活饮用水和工业用水。全县多年平均地下水位42.53m,多年平均埋深36.99m。

据水利局水文资料记载,全县地下水大致分4个区:

①丰水区:包括曲阳桥、南岗、西柏棠、正定镇、三里屯、朱河等区域,面积为242263.08亩。埋深3~7m,水层厚度10~30m,矿化度在0.33~0.88g/L以下,出水量40~90t/h。

②平水区:包括里双店、韩家楼、北早现、完民庄、南楼、西平乐等区域,面积约为309578.51亩。埋深7~10m,水层厚度除北早现乡和其他个别村庄小于10m外,大都在10~30m,矿化度在0.22~0.49g/L以下,出水量40~60t/h。

③贫水区:包括永安、诸福屯、南牛、曹村、冯家庄、新城铺、南村、宋营等区域,面积约为309669.11亩。埋深10~14m,水层厚度除木庄与牛家庄之间有小部分30~40m和部分村庄小于10m外,大都在10~30m,矿化度在0.30~0.74g/L以下,出水量40~90t/h。

三、地形地貌

正定县位于华北平原的中西部边缘,属太行山麓山前倾斜平原,处在洪积冲积扇的中上部。地质基础为第四纪洪积冲积物。地面坡降为1/2000~1/1500。全境是一倾斜平缓的地形。具体地貌分区:县境南部为滹沱河第二冲积扇之脊,地势较北部略为低洼;北面为磁河冲积扇及磁河、滹沱河之间的河间地带,海拔70~90m,向东南缓降;总的趋势是西北高、东南低,由西北向东南倾斜。正定县城海拔高度为70.0m,海拔高度在105m(陈家疃一带)至65m(蟠桃一带),自然坡度1.3‰。南部边缘为滹沱河、海拔60~70m,由于历史上滹沱河、磁河、河流的改道和变迁,洪水泛滥、风沙外力等作用,形成东里双、新安一带,白店至大孙村、西白棠一带,古河道、洼地、沙岗、沙丘、缓岗、河沟、坑塘等微型地貌。通过治沙治水、平地造田等,使沙岗、河沟、古河道得以治理,逐渐造成正定大地开阔平旷的现状。

四、土地资源概况

根据正定县国土局统计数字，到 2010 年正定县县域土地总面积为 723983.7 亩，其中农用地面积 501260 亩，占区域总面积的 69.2%；建设用地 171530 亩，占区域总面积的 23.7%；耕地面积 448410 亩，占区域总面积的 63.9%；林地面积 133365 亩，占土地面积 18.42%；未利用地占 50738 亩，占土地面积 7.0%。正定县地处褐土地带，土壤类型以褐土为主，多数褐土为轻壤土，土地资源丰富，耕性良好，适宜种植粮棉油和蔬菜、林木等。

（一）农业用地的利用现状

正定县是农业区，土地利用以粮棉种植为主。2010 年粮食作物种植面积 640890 亩，占总耕地的 142.29%，复种率 197.3%；棉花 10065 亩，占耕地的 2.24%；油料 70560 亩，占耕地的 15.74%。

（二）林果用地

林果用地共 86569.8 亩，其中林 133365 亩，占林果用地的 69.93%；果园 12345 亩，占 30.07%，林木覆盖率 26.34%。

（三）水域占地

水域面积 42367.5 亩，面积较大，但实际水面较小，多为季节性河道，河床多沙质，除部分可采矿外很难利用。

（四）未利用地

未利用地中沙地比重大，全县有沙地 22639.35 亩，占未利用地的 51.83%。

五、土壤类型

（一）土壤类型

按全国第二次土壤普查分类系统，正定县土壤共分为褐土、潮土、水稻土 3 个土类，7 个亚类，9 个土属，24 个土种。如表 1 – 4 所示。

1. 褐土类

正定县除滹沱河及其沿岸部分地区外，全部是褐土类。由于成立过程的强度和时间差异，正定县褐土类包括石灰性褐土、潮褐土、褐土性土 3 个亚类。

①石灰性褐土：母质为洪积冲积物，通体强石灰反应，成土年代久远，发育层次分明，大都有较明显的黏化层和假菌丝体。

②潮褐土：主要分布在山麓平原中部。地下水埋深较浅，可以借助于毛管作用达到底土层。土体构型上部具备褐土特征，底土则有潮土诊断特征锈纹锈斑出现。

③褐土性土：主要分布在老磁河沿岸的沙岗、沙丘上，由于地形部位显著提高，土壤质地较粗，土壤进行褐土过程，但年龄较短，发育层次不明显，没有明显的诊断层和诊断特征。

2. 潮土类

潮土类分布在滹沱河及其沿岸，海拔 63 ~ 82m；正定县潮土在以潮土为主的同时，还进行着褐土化为辅的过程。潮土类包括褐潮土、潮土、湿潮土3个亚类。

①潮土：成土条件、过程及性状具备潮土土类的典型特征，是潮土类中代表性亚类。

②褐潮土：分布在潮土区内的较高部位，地下水位在5m以下，内外排水较好。土色棕褐，成土过程向褐土方向发展，有黏粒下移现象，在心土层出现锈纹锈斑和假菌丝体。

③湿潮土：分布在潮土区的低洼部位，地势低平，内外排水不良，雨季临时滞水，旱季地面排干，而地下水位特浅，埋深1m左右。土色灰暗，土体中锈纹锈斑较多，底土或心土有蓝灰色潜育型。

3. 水稻土

水稻土是一种人为土壤。由于长期连续种植水稻，水耕熟化。正定县水稻土只有潜育型水稻土1个亚类，分布在地势低洼、地下水位浅的洼地。

表1-4 正定县的成土母质与主要类型土壤

土类	亚类	土属	土种	分布	面积/亩	占总面积（%）
褐土	石灰性褐土	洪积冲积物壤质	沙壤质石灰性褐土	南楼、曲阳桥、北早现、正定镇、	9304.12	1.08
			浅位厚层沙轻壤质石灰性褐土	曲阳桥、北早现、南楼	5806.14	0.67
			深位厚层沙轻壤质石灰性褐土	北早现、曲阳桥、南楼、南楼、南牛、诸福屯、正定镇	26748.32	3.10
			轻壤质石灰性褐土	北早现、曲阳桥、南楼、新安、南牛、诸福屯、正定镇	301971.06	34.97
	潮褐土	洪积冲积物沙质	沙质潮褐土	老磁河故道，涉及南楼、新安、西平乐、新城铺、南牛	43638.85	5.05
			深位厚层轻壤沙质潮褐土	老磁河南岸老河岸一带，涉及南楼、新安	1417.93	0.16
		洪积冲积物壤质	沙壤质潮褐土	老磁河两岸及故河道中已开垦改造部分，涉及南楼、新安、西平乐、新城铺、南牛等	19856.88	2.30
			浅位厚层沙轻壤质潮褐土	老磁河两岸的南楼、新安、西平乐、新城铺	10414.12	1.21
			深位厚层沙轻壤质潮褐土	南楼、新安、西平乐、新城铺等，及曲阳桥、北早现、正定镇、诸福屯、南牛	29665.57	3.43

续表

土类	亚类	土属	土种	分布	面积/亩	占总面积（%）
褐土	潮褐土	洪积冲积物沙质	轻壤质潮褐土	南楼、新安、西平乐、南牛、新城铺、曲阳桥、北早现、正定镇、诸福屯南牛等	242397.22	28.07
			深位厚层黏轻壤质潮褐土	新城铺和南牛	461.40	0.05
			中壤质潮褐土	正定镇东关大队东北	72.74	0.01
	褐土性土	洪积冲积物沙质	沙质褐土性土	未开垦	6236.89	0.72
潮土	潮土	河流冲积物沙质	沙质潮土	滹沱河沿流水线两边的沙滩上，涉及曲阳桥、北早现、正定镇、诸福屯等	59623.14	6.90
		河流冲积物壤质	沙壤质潮土	在滹沱河滩及沿岸，涉及曲阳桥、北早现、正定镇、诸福屯等	20546.15	2.39
			浅位厚层沙轻壤质潮土	滹沱河滩，涉及曲阳桥、北早现、正定镇、诸福屯等	11239.12	1.30
			深位厚层沙轻壤质潮土	分布在滹沱河滩距流水线较远的地方，涉及曲阳桥、北早现、正定镇等	6670.24	0.77
			轻壤质潮土	滹沱河滩远离流水的地方和正定镇城内。涉及正定镇	3311.73	0.38
	褐潮土	河流冲积物壤质	浅位厚层沙轻壤质褐潮土	滹沱河南岸	46.46	0.01
			深位厚层沙轻壤质褐潮土	分布在滹沱河北岸及中间凸出地区，零星分布于曲阳桥、正定镇、诸福屯	5096.19	0.59
			轻壤质褐潮土	分布在滹沱河北岸低平地带，涉及曲阳桥、北早现、正定镇、诸福屯等南半部	51956.33	6.02
	湿潮土	河流冲积物壤质	轻壤质轻度湿潮土	正定镇	521.72	0.06
水稻土	潜育型水稻土	河流冲积物壤质	轻壤质潜育型水稻土	分布在曲阳桥	3053.24	0.35
			中壤质潜育型水稻土	分布在曲阳桥北早现	3561.99	0.41

注：数据资料来自正定县土壤志。

（二）土壤类型分布特点

1. 土壤的带状分布

正定县境内北有老磁河故道、南有滹沱河，分别自西北向东南横穿全境，境内尚有两河之支流及滋河故道，共5条，也属于西北、东南走向。由于河流及故道的影响，使正定县某些土壤呈明显的带壮分布。

①滹沱河及其沿岸为正定县潮土带，包括水稻土在内。

②老磁河故道为沙质及沙壤质褐土带。

③老磁河南岸呈自然弯曲走向的零散沙丘，为褐土性土。

④老磁河及滹沱河的交流故道在正定县形成 5 条沙、底沙、夹沙带：自后塔底村北经厢同、东房头至巧女 1 条夹沙带；自南楼村经七吉、吴兴、新安到曹村 1 条底沙带；自西平乐村西经冯家庄、西咬村、中咬村到咬村 1 条沙带；自西平乐村西经东平乐、新城铺到合家庄 1 条底沙带；自东安车经北王庄、小吴村到小邯村 1 条底沙带。

2. 土壤质地北轻南重

俗称北沙南黏。由于老磁河故道及其两岸土壤质地较轻，多沙质和沙壤质，致使正定县北部里双店、完民庄、南楼、平乐、冯家庄、东权城、吴兴、曹村、南牛等地区部分土壤质地较轻。自北向南，除滹沱河身外，土壤质地越来越重，但表土均属轻壤。在滹沱河北岸地势较低部位有极少部分土壤表土属中壤。

第二节　农村经济概况

一、农业总产值

（一）国民经济总产值

正定县国民经济一直保持持续较快发展。2010 年全县实现地区生产总值 169.6 亿元，增长 12.0%。其中第一、第二、第三产业分别完成增加值 23.5 亿元、80.8 亿元和 65.3 亿元，三次产业均保持了较快增长态势；三次产业结构调整为 13.9∶47.6∶38.5。全县人均地区生产总值达到 3.66 万元，增长 12.5%。农业生产资料价格总水平上涨 3.0%。

（二）农业总产值

正定县自然条件优越，农业基础坚实，属华北农区典型农业高产县。农业生产历史悠久。以种植小麦、玉米为主，盛产棉、麦、豆及甘薯、花生等。2010 年，全县农、林、牧、副、渔业产值完成 49.2 亿元，比上年增长 1.0%，其中畜牧业产值 26.6 亿元，占农、林、牧、渔业总产值的比重达 54.1%。农作物总播种面积 848925 亩，粮食总产 319915t，棉花总产 5596t，油料总产 19439t，蔬菜总产 809590t。全县肉、蛋、奶产量分别达到 7.4 万吨、12.7 万吨和 10.5 万吨。奶牛存栏 4.72 万头，生猪存栏 31.5 万头，家禽存栏 1502.66 万只。

二、农民人均收入

正定县农民纯收入如表 1 - 5 所示，结果表明：从 1999 年人均 3465 元上升为 2010 年 6165 元，增加近 1 倍。

表 1 – 5   1999～2009 年农民人均纯收入

年份	农民人均纯收入/元	年份	农民人均纯收入/元
1999	3465	2005	4325
2000	3605	2006	4550
2001	3621	2007	4891
2002	3770	2008	5285
2003	3885	2009	5708
2004	4118	2010	6165

第三节   农业生产概况

一、主要农作物种植面积与产量

正定县农作物可分 3 大类别，即粮食作物、经济作物和蔬菜。2010 年正定县主要农作物总播种面积 848932 亩，粮食作物总播种面积 640892 亩，单产 499.2kg/亩，总产量 319933t。冬小麦播种面积 318258 亩，单产 451kg/亩，总产量 143534t。夏玉米播种面积 303063 亩，单产 561kg/亩，总产量 170012t。大豆播种面积 15330 亩，单产 258.7kg/亩，总产量 3966t。棉花播种面积 10065 亩，单产 55.7kg/亩，总产量 560t。花生播种面积 70560 亩，单产 275.5kg/亩，总产量 19439t。蔬菜播种面积 118110 亩，单产 6854.5kg/亩，总产量 809590t。

（一）粮食作物

1. 冬小麦

在粮食作物中占首要地位，是正定县主要农产品，常年播种面积保持在 30 万亩左右。2010 年单产 451kg/亩，总产 143534t。

2. 夏玉米

是正定县主要秋粮作物，常年播种面积近 30 万亩，2010 年单产 561kg/亩，总产 170012t。

（二）经济作物

正定县经济作物以棉花、花生为主。

1. 棉花

明代永乐元年（1403 年），真（正）定县开始种植棉花。新中国成立初期，种植面积迅速提高，面积最大时达到 12 万亩以上。到 20 世纪 80 年代后期，棉铃虫危害加剧，产量下降，种植面积锐减。近年虽引进抗虫品种，但由于市场因素、生产成本等，棉花种植面积一直不大。2010 年面积 10065 亩，单产皮棉 55.7kg/亩，总产 560t。

2. 花生

19 世纪中叶正定县开始种植花生。从 20 世纪 50 年代至今，种植面积和产量逐渐增加。2010年花生播种面积70560亩，单产275.5kg/亩，总产量19439t。

（三）蔬菜瓜果

县域内蔬菜、瓜果品种繁多，栽培历史悠久。从20世纪80年代开始，蔬菜品种引进逐渐增多，其中叶类蔬菜种类主要有大白菜、包心菜、菠菜、菜花等20多种；茄果类和瓜类有西红柿、冬瓜、南瓜、北瓜、黄瓜、西葫芦等15种以上；根茎类有白萝卜、红萝卜、蔓菁、芥菜等8种左右；瓜果类有西瓜、甜瓜、香瓜等。2010年蔬菜种植面积2.93万亩。

1982～2010年全县种植结构变化见表1-6。

表1-6　1982～2010年全县种植结构变化

种植方式	作物类型	播种面积/亩		占耕地面积（%）		产量/（kg/亩）		备注
		1982年	2010年	1982年	2010年	1982年	2010年	
大田作物	冬小麦	304400	318255	57.37	70.97	278	451	
	夏玉米	194200	303060	36.60	67.59	370	561	
	稻谷	22600	0	4.26	0.00	287	0	
	棉花	130600	10065	24.62	2.24	41.5	56	
	花生	33700	70560	6.35	15.74	110	275	
	薯类	4600	4245	0.87	0.95	254	566	
	豆类		15330		3.42		259	
蔬菜	日光温室		8780		1.78			黄瓜、西红柿
	塑料大棚		20520		2.23			黄瓜
	露菜地	28701	88814	5.41	24.66			芹菜、菠菜
果树			57345			938	1624	

注：数据资料来自1982年、2010年正定县国民经济统计资料。

二、农业生产条件

（一）自然条件

1. 气候条件

正定县属北温带半干旱、半湿润大陆性季风气候，其主要特征是春秋短、冬夏长、四季分明。降水量的年际与月间变化幅度较大，且多集中在夏季（6～8月），易旱不易涝，但雨量分布不均，又易形成春旱秋涝。热量较丰富，年平均气温13.1℃，全年0℃以上积温为4786℃，≥10℃积温4347℃。日照2527h，日照百分率为58%。无霜期180～225d，可基本满足二年三熟和一年两熟作物生长的需要。

2. 土壤条件

正定县的土壤类型有：褐土，占总面积的80.82%，分布于除滹沱河及其沿岸部分外的地区；潮土，占总面积的 18.41%，主要分布在滹沱河滩及北岸的较低地带；水稻土，占总面积的 0.77%，分布在滹沱河北岸的低平地带周汉河上游两岸。

综合分析正定县土壤的有利因素是：

（1）土地平整园田化水平较高。

（2）土质较好，表层轻壤的土壤占总土地的 81.26%，宜耕性好，适用范围广。

（3）耕作土壤养分含量较高，86.4% 的土壤有机质和 61.6% 的土壤全氮含量在中等水平以上，75.4% 的土壤有效磷和 48.5% 的土壤速效钾含量在中等水平以上。

（4）地下水资源较充足，灌溉条件好。

（5）没有盐碱、沥涝和污染问题。

不利因素是：

（1）耕层浅：25.9% 的农用地，耕层浅于 20cm，犁底层厚度 5～10cm，土壤容重偏高，结构性差。

（2）土壤中某些养分短缺：7.3% 的土壤有效磷属很缺和极缺，5.8% 的土壤全氮极缺，1.9% 的土壤有机质极缺，7.65% 的土壤速效钾属很缺和极缺，4.9% 的土壤缺锌，31.8% 的土壤缺乏水溶态硼。

（3）部分土壤偏沙、有夹沙层、漏水漏肥：表层轻壤有夹沙层的土壤占 11.07%，表土沙壤和通体沙质的土壤占 12.84%，易旱、脱肥早衰。

（4）16.84% 的沙壤土和 4.74% 的沙荒地水利条件差。

（5）沙荒地、河滩地林木覆盖率低，防风林带不能抵御风沙流动，造成附近农田沙化加剧。

3. 农业生产利用分区

针对各类土壤的有利因素和不利因素及生产发展的潜力，本着以培肥为主，种地养地，因土种植，因土施肥提高效益的原则，高效利用土壤。将全县划为 4 个培肥利用区：

（1）培肥改土粮油林果区：本区位于正定县北部，老磁河故道以北，主要是指南楼乡、新安镇、西平乐乡、新城铺镇、南牛乡、曲阳桥乡等乡镇的部分地区，面积为 172466.25 亩，占 19.97%。本区特点是土质粗，土壤大部分为沙壤或表层轻壤间层夹沙，耕层薄，肥力低，保水保肥弱。由于土壤含沙漏水漏肥，地面蒸发量大，加之地下水位下降，干旱是本区重要障碍因素。

本区主攻方向是增加土壤有机质，逐步改善土壤结构，提高土壤保墒能力。主要措施为增施有机肥和磷钾肥，有计划地扩种豆类和推广秸秆还田，在施用化肥上要注意施肥方法，采取多次少施，减少养分渗漏。要继续改善水利条件。针对漏沙土，要有计划地淘沙复土或客土压沙，改良土壤。本区在保证粮食总产同时，可适当种植棉花，开发果园，种植花生、豆类，建成林果油基地。

（2）培肥粮棉高产高效区：本区位于中部、东部、西部，主要包括正定镇、北早现乡、清福屯镇、曲阳桥乡、新安镇、南牛乡等乡镇的一部分，本区面积 430867.5 亩，占总土地面积的 49.89%。本区是正定县主要的高产、稳产地区，土质以轻壤为主，沙黏适中，保水保肥力较强，水源充足，排涝两利，土壤养分含量较高。

本区具备高产稳产的土壤条件，适宜种植粮、棉，主要问题是复种指数高，地力消耗大；合理施肥较差，高产量、高成本现象普遍存在；作物布局不够合理，土地优势没有充分发挥；因土施肥、科学施肥较差，氮肥施的多，磷肥施的少，氮磷配合不够合理，精细管理较差。今后应充分发挥土地优势，重点发展粮食生产，扩大蔬菜种植面积，注意因土施肥和提高管理水平，逐步建成稳产高产粮菜基地。

针对以上特点，应在中部、西部粮、棉区，注意增施有机肥和轮作倒茬，推广因土施肥，科学施肥、合理施肥技术，降低生产成本，提高经济效益；节约用水，科学用水，增施有机肥，并配合磷钾肥和锌肥，补充土壤多种养分消耗，不断培肥地力。

（3）防风固沙林果牧区：本区为滹沱河沙滩，土壤以沙质潮土为主，间或有小片沙壤或轻壤，面积116156.25亩，占总土地面积的13.45%，该区除已开发建成的新村，土质较好，养分较高外，其他土壤土质粗，渗漏性强，保肥力弱。本区受河洪影响，属于临时性土地，改良利用以营造防风固沙林，防风沙保护堤坝，可有计划地进行换土，开发果园和种植牧草，开辟草场，还可利用天然沙矿开办沙场，建成林果牧副业基地。

（二）管理条件

1. 电力充足

电力设备：2010年全县用电量171180万千瓦时，其中农业用电6995万千瓦时，工业用电105434万千瓦时。全县乡村户通电率100%。全部由京津唐电网供电。电力供应充足。各乡镇均有高、低压线路，电力配套完善，电力供应充足。

2. 水利设施成龙配套

全县拥有机井14274眼，并全部配套，防渗渠道3.23万米。机井水位70~80m，可以常年足额使用，同时各乡镇的机井实现了井、泵、渠配套，灌溉条件良好。

3. 农业机械化程度

到2010年年底，全县农业机械总动力1145991kW。其中柴油机总动力922268kW、电动机总动力223105kW，汽油机总动力618kW。拥有拖拉机19726台，其中大中型拖拉机1518台，小型拖拉机18208台，配套农具17723台套，农用排灌机械42463套。小麦联合收割机218台，总动力11209kW。玉米联合收割机48台，总动力3853kW。

4. 农业技术力量

正定县农业畜牧局是农业行政主管部门，下设办公室、植保站、土肥站、技术站、农产品质量检测中心、综合执法大队、信息科、基层区域站等职能部门。现拥有在职专业技术人员71人；在职农业技术人员71人，其中有农业技术推广研究员1人、高级农艺师7人、农艺师23人、助理农艺师13人等。

5. 服务设施

（1）土壤肥料化验室300m²，化验检测设备26台套，能够开展土壤养分化验等业务。

（2）测土配方施肥查询服务站100个，能够为全县农户提供土壤化验结果查询和配方施肥指导服务工作。

三、耕地数量与变化

1949 年全县耕地面积为 56.73 万亩，1981 年为 53.07 万亩，至 2010 年，全县耕地面积为 44.8 万亩，农村人均耕地面积仅 0.94 亩，人地矛盾更加突出。

1949 年至今耕地数量和质量的变化见表 1-7。

表 1-7　1949 年至今每年耕地面积与产量

年份	耕地面积/亩	平均亩产量/kg	年份	耕地面积/亩	平均亩产量/kg
1949	567300	109	1993	522900	818
1952	557500	158	1994	516800	861
1957	546900	179	1995	518300	918
1965	535300	287	1996	495500	934
1970	533300	387	1997	493700	1005
1971	533000	413	1998	493300	997
1975	532200	536	1999	493100	997
1976	532000	506	2000	409600	1030
1978	531100	571	2001	409600	1015
1980	530800	487	2002	409600	998
1981	530700	591	2003	409600	984
1983	530300	647	2004	409600	1013
1985	529700	657	2005	409600	1012
1986	528900	702	2006	444900	1004
1988	527400	680	2007	448400	1004
1990	526500	675	2008	448400	1013
1991	526000	746	2009	448400	1069
1992	525700	810	2010	448400	977

注：主栽作物为冬小麦、夏玉米；数据资料来自 1949~2010 年正定县国民经济统计资料。

四、正定县耕地养分与演变

1982 年以来，随着气候、生产条件、耕作方式的演变和农作物产量的提高以及农业投入品数量、品种的增加，土壤养分发生了很大变化。

1982~2010 年正定县不同乡镇耕层土壤养分状况见表 1-8。

表 1 – 8　正定县土壤养分变化趋势

年份	有机质/ （g/kg）	全氮/ （g/kg）	碱解氮/ （mg/kg）	有效磷/ （mg/kg）	速效钾/ （mg/kg）
1982*	12.4	0.77	59.4	10.5	94.4
2010	20.24	1.10	86.3	33.8	124.81

* 数据资料来自正定县土壤志。

（一）耕层土壤有机质

土壤有机质直接影响着土壤的保肥性、保水性、缓冲性、耕性和通气状况等，是重要的土壤肥力指标。据本次耕地地力调查测定，土壤有机质含量82.0%，处于20~30g/kg，平均含量为20.24g/kg，与第二次土壤普查的12.4g/kg有明显提高。

随着秸秆还田技术的普及，土壤有机质含量明显提高。不同利用方式的耕地之间土壤有机质含量存在一定差异。蔬菜地土壤有机质含量较高，总体而言属中等偏上水平。大田作物土壤有机质较低，总体属偏下水平。露地蔬菜地、园地、沙地有机质含量较低，可能与复种指数高、土壤水分条件不利于有机质累积、土壤有机质氧化分解强烈、消耗增加、水土流失严重以及不施或少施有机肥有关。

（二）耕层土壤全氮

耕层土壤全氮含量。根据本次调查样品的分析结果，正定县耕地土壤全氮含量范围在0.65~1.62g/kg，平均为1.10g/kg，与第二次土壤普查的0.77g/kg比较有了明显的提高，提高幅度42.9%。

平均值接近中等偏下水平，可见正定县耕地土壤全氮含量水平属于中等偏下水平。与土壤有机质一样，不同利用方式的耕地之间土壤全氮含量也存在一定差异。比较而言，保护性蔬菜地土壤全氮含量较高，露地蔬菜地、大田土壤次之，沙地土壤全氮含量最低。

（三）耕层土壤有效磷

有效磷作为土壤有效磷储库中对作物最为有效的部分，是评价土壤供磷能力的重要指标。据本次调查，全县土壤有效磷含量范围在9.29~194.55mg/kg，平均33.8mg/kg，含量比第二次土壤普查时有了较大幅度提高。

平均值接近稍微大于中等含量标准，可见正定县耕地土壤有效磷含量总体上属中等水平。但不同利用方式的耕地之间土壤有效磷含量差异较大，保护性蔬菜地土壤所有样点的有效磷含量均在极丰富级别，而大田作物土壤有效磷大多处在中等级别，沙壤土大多处在中等以下级别。蔬菜地土壤有效磷含量较为丰富，显然与农户种菜和种经济作物时大量施用磷肥有关。

（四）耕层土壤速效钾

根据耕层土壤速效钾含量与分布的分析结果，全县耕层土壤速效钾含量平均为124.81mg/kg，较之第二次土壤普查时的94.4mg/kg有所提高。

平均值接近中等含量标准偏低，表明正定县耕地土壤速效钾含量水平仍处于中偏下水平。不同利用方式的耕地之间土壤速效钾含量差异也较大。沙地土壤速效钾含量属较低以下的比例达到 75.3% ；蔬菜地土壤速效钾含量总体属中等偏上水平，但属较低、缺乏、极缺乏的比例仍达 30.8% 。这种情况显然是其钾肥施用量较低的结果，可见正定县耕地土壤钾素的供应还不充分。

（五）耕层微量元素含量状况

土壤微量元素是土壤肥力必不可少的组成部分，其中以相对活动态存在于土壤中能被植物吸收利用的部分称为有效态微量元素。土壤微量元素有效态微量元素在一定条件下说明土壤微量养分的供应水平，其分布由于受土壤性质、土壤环境条件和土壤管理等各种因素的影响呈现出空间不均匀特性。本次调查主要分析了铁、铜、锰、锌、硼 5 种微量元素，这些元素对耕地地力和环境质量起着重要的作用。根据本次正定县耕地土壤微量元素含量的调查，根据测量结果并参考第二次土壤普查分级标准，正定县土壤微量元素分析见表 1 - 9 所示。

表 1 - 9　耕层土壤微量元素含量分级面积统计

	有效铜	有效锰	有效铁	有效锌	水溶态硼
缺乏／（mg/kg）	<0.2	<1.0	<2.5	<0.5	<0.5
占耕地面积（%）	0.5	无	0.3	4.9	31.8
边缘值／（mg/kg）	—	—	2.5～4.5	0.5～1.0	0.5～1.0
占耕地面积（%）	—	—	1.9	14.4	60.6
适宜／（mg/kg）	>0.2	>1.0	>4.5	>1.0	>1.0
占耕地面积（%）	99.5	100	97.8	80.7	7.6
平均值／（mg/kg）	0.98	15.19	14.64	2.16	0.62

第二章 耕地地力调查评价的内容和方法

第一节 耕地地力评价的准备工作

一、耕地地力评价的组织准备

（一）耕地资源评价工作领导小组

为加强耕地地力调查与质量评价工作的领导，成立了由主管农业的副县长黄超为组长、正定县农业畜牧局局长李政坤为副组长的"正定县耕地地力调查与评价工作领导小组"，负责项目组织，落实人员，安排资金，制订工作计划，协调与督导调查工作。

（二）技术专家组

技术专家组由总顾问王贺军（河北省土壤肥料总站站长、研究员），成员贾文竹（河北省土壤肥料总站副站长、研究员）、张里占（河北省土壤肥料总站肥料科科长、研究员）、吕英华（河北省土壤肥料总站检测中心主任、研究员）、刘建玲（河北农业大学资源环境学院教授、博士生导师）、李琴（石家庄市土肥站站长、研究员）组成。

（三）技术服务组

技术服务组组长：正定县农业畜牧局副局长魏文忠，副组长：崔瑞秀（正定县农业畜牧局土肥站站长、高级农艺师），成员有全建伟（正定县农业畜牧局技术站站长、高级农艺师）、李智慧（正定县农业畜牧局植保站站长、农业技术推广研究员）、边新忠（正定县农业畜牧局环保科科长、农艺师）、庞新军（正定县农业畜牧局执法大队队长、农艺师）、张力勇（正定县农业畜牧局种子管理站站长、农艺师）、樊彦利（正定县农业畜牧局农产品检测科科长、农艺师）、高聚坤（正定县农业畜牧局农经科科长、农艺师）、尚清梅（正定县农业畜牧局土肥站副站长、农艺师）、刘丽云（正定县农业畜牧局土肥站、农艺师）、刘存（正定县农业畜牧局土肥站、农艺师）、赵姗姗（正定县农业畜牧局土肥站）。

耕地地力调查技术服务组负责项目技术方案的制订，组织技术培训、成果汇总与技术指导、农户调查、环境评价等工作任务，确立评价指标，确定各指标权重及隶属函数模型等关键技术。

（四）组建野外调查采样专业队伍

野外调查采样是耕地地力评价的基础，其准确性直接影响评价结果。为保证野外调查工作质量，组成野外调查采样队，调查队由正定县农业畜牧局技术骨干及各乡镇农业技术人员组成。在调查路线踏查的基础上，调查队共分为 10 个调查组、10 条调查路线，调查队员实行混合编组，即保证每组 1 名熟悉情况的当地技术人员、1 名参加县农业畜牧局专业技术人员，做到发挥各自优势，取长补短，保证调查工作质量。

野外取土人员：正定县农业畜牧局所有人员、各乡镇农业技术人员。

二、耕地地力评价的物质准备

（一）数据信息处理系统

采用现代化办公设备，购置计算机、打印机等数据处理设备 8 台套，以提高工作效率，提高数据处理科学性、准确性。

（二）全球卫星定位系统

使用手持 GPS 定位仪 10 部，10 个调查组每组 1 部。

（三）信息管理系统软件

采用农业部开发的测土配方施肥信息管理系统、河北省土壤肥料总站开发的测土配方施肥信息系统、扬州耕地资源管理系统。

（四）采样工具

印制野外调查表若干，取土标签 4500 个，土壤样品钻 16 套，取土铲 22 把，不锈钢锹 22 把，钢尺 22 套，样品采集车 8 部，塑料样品袋 4000 个，样品包装袋 4200 个。

（五）农户调查工具

调查员资料袋 100 个，记号笔 100 支，铅笔 300 支，档案袋 2000 个，农业部《测土配方施肥技术规范》规定的"农户施肥情况调查表"450 份。

（六）化验室仪器设备

按照《河北省测土配方施肥化验室建设技术规范》的要求，建成了面积为 300m^2 的高标准土壤化验室，通过向社会公开招标和政府采购，先后添置了土壤粉碎机、原子吸收分光光度计、紫外分光光度计、全自动定氮仪、电子天平等各种化验仪器设备 26 台套，并进行了严格的安装和调试，所需玻璃器皿和化学试剂也同步购置完成。

三、耕地地力评价的技术准备

建立县级耕地类型区、耕地地力等级体系，确定正定县耕地地力与土壤环境评价指标体系以及耕地质量评价体系。

组织建立地理信息系统（GIS）支持的试点县耕地资源基础数据库，该数据库包括空间数据库和属性数据库，由正定县土肥站负责数据库建立和录入以及耕地资源管理信息系统整合。

确定取样点。应用土壤图、土地利用现状图叠加确定评价单元，在评价单元内，参照第二次土壤普查采样点进行综合分析，确定调查和采样点位置。

四、耕地地力评价的资料准备

图件资料所括：正定县行政区划图（1∶50000）、正定县土地利用现状图（1∶

50000）、正定县基本农田保护区规划图、正定县交通图（1：50000）、正定县农田水利
分区图、主要污染源点位图以及第二次土壤普查成果图件等相关图件。

文本资料包括：正定县志、正定县土壤志；第二次土壤普查基础资料、土地详查资
料、20 世纪 80 年代以来国民经济生产统计年报；土壤监测、田间试验、各乡镇历年化
肥、农药、除草剂等农用化学品销售投入情况；正定县土地利用总体规划、正定县各乡
镇土地利用总体规划，主要农作物（含菜田）布局等。

其他相关资料包括：土壤改良、生态建设、土壤典型剖面照片、当地典型景观照
片、特色农产品介绍、地方介绍资料等。

第二节　室外研究与野外调查

一、样品采集原则和方法

（一）采样点位确定的原则

根据农业部《测土配方施肥技术规范》以及正定县的实际情况，本次调查中调查
样点的布设采取如下原则。

1. 代表性原则

本次调查的特点是在第二次土壤普查的基础上，摸清不同土壤类型、不同土地利用
下的土壤肥力和耕地生产力的变化和现状。因此，调查布点必须覆盖全县耕地土壤类型
以及全部土地利用类型。

2. 典型性原则

调查采样的典型性是正确分析判断，耕地地力和土壤肥力变化的保证。特别是样品
的采集必须能够正确反映采样点的土壤肥力变化和土地利用方式的变化。因此，采样点
必须布设在利用方式相对稳定，没有特殊干扰的地块，避免各种非调查因素的影响。如
蔬菜地的调查，要对新老菜田分别对待，老菜田加大采样点密度，新菜田适当减少
布点。

3. 科学性原则

耕地地力的变化以及土壤污染的分布并不是无章可循的，而是土壤分布规律、污染
扩散规律等的综合反映。因此，在调查和采样布点上必须按照土壤分布规律布点，不打
破土壤图斑的界线；根据污染源的不同设置不同的调查样点，例如点源污染，要根据污
染企业的污染物排放情况布点；面源污染在本区主要是农业内部的污染，例如在不同利
用年限的典型麦田调查布点；对污染严重的地区适当加大调查采样点的密度。

4. 比较性原则

为了能够反映第二次土壤普查以来的耕地地力和土壤质量的变化，尽可能在第二次
土壤普查的取样点上布点。

在上述原则的基础上，开展调查工作之前充分分析了正定县的土壤分布状况，收集
并认真研究了第二次土壤普查的成果以及相关的试验研究和定点监测资料，并且请熟悉
全县情况、参加过第二次土壤普查的有关技术人员参加工作。从县土肥站、农技站、植

保站、环保科等部门抽调熟悉全县耕地利用和农业生产的人员，在河北省土肥总站的指导下，通过野外踏勘和室内图件分析，确定调查和采样点，保证了本次调查和评价高质量完成。

（二）采样布点方法

1. 大田土样布点方法

按照《河北省耕地地力评价工作实施方案》及评价资料收集内容的要求，根据正定县耕地面积，确定采样点总数量为 2000 个。

为了科学反映土壤分布规律，同时，在满足本次调查的基本要求下和调查精度基础上，尽量减少调查工作量。为此，对第二次土壤普查的成果图进行了清理编绘。土壤图斑零碎的局部区域，对土壤图斑进行了整理归并，将土壤母质类型相同、质地相近、土体构型相似的，特别是耕层土壤性状一致、分属不同土种的同一土属的土壤图斑合并成为土属图斑。而对于不同土属包围的土种只要达到上图单元，仍然保留原图斑。土壤图斑适当合并后的土壤图，实际是一张土属和土种复合的新土壤图。

以新的土壤图为基本图件叠加带有基本农田区信息的土地利用现状图，以不同的土地利用现状界线分割土壤图斑，形成调查和评价单元图。为了与野外调查采样 GPS 定位相衔接，又在调查评价单元图上叠加了地形图的地理坐标信息。

根据调查和评价单元（图斑）的面积，初步确定每一调查和评价单元（图斑）的采样点数量，采样点尽量均匀并有代表性；根据土壤属性和土地利用方式的一致性，选择典型单元调查采样。

在各评价单元中，根据图斑形状、种植制度、种植作物种类、产量水平等因素的不同，同时考虑单元内部和区域的样点分布的均匀性，确定点位，并落实到单元图上，标注采样编号，确定其地理坐标。点位要尽可能与第二次土壤普查的采样点相一致。

2. 蔬菜地土样布点方法

根据规程要求，以及正定县耕地面积，确定总采样点数量为 500 个。野外补充调查，在土地利用现状图的基础上，调查各种作物施肥水平、产量水平、经济效益等。将土壤图、行政区划图和土地利用分布图叠加，形成评价单元。根据评价单元个数以及面积和总采样点数，初步确定各评价单元的采样点数。各评价单元的采土点数和点位确定后，根据土种、利用类型、行政区域等因素，统计各因素点位数。当某一因素点位数过少或过多时，要进行调整，同时要考虑点位的均匀性。

3. 植株样布点方法

植株样点数确定，选择当地 5～10 个主要品种，每个品种采 2 个或 3 个样品。若想重点了解产品污染状况，可选择污染严重的区域采样，适当增加采样点数量。

二、确定采样方法

（一）大田土样采样方法

大田土样在作物收获前取样。野外采样田块确定，要根据点位图，到点位所在的村庄，首先向农民了解本村的农业生产情况，确定具有代表性的田块，田块面积要求在 1 亩以上，依据田块的准确方位修正点位图上的点位位置，并用 GPS 定位仪进行定位。

调查、取样：向已确定采样田块的户主，按调查表格的内容逐项进行调查填写。在该田块中按旱田 0～20cm 土层采样；采用"X"法、"S"法以及棋盘法其中任何一种方法，正定县采用了"S"法，均匀随机采取 15 个采样点，充分混合后，4 分法留取 1kg。采样工具用木铲、竹铲、不锈钢土钻等。一袋土样填写两张标签，内外各具；标签主要内容为：样品野外编号（要与大田采样点基本情况调查表和农户调查表相一致）、采样深度、采样地点、采样时间、采样人等。

（二）蔬菜地土样采样方法

保护地在主导蔬菜收获后的凉棚期间采样。露天菜地在主导蔬菜收获后，下茬蔬菜施肥前采样。

野外采样田块的确定，要根据点位图，到点位所在的村庄，首先向农民了解本村蔬菜地的设施类型、棚龄或种菜的年限、主要的蔬菜种类，确定具有代表性的田块。依据田块的准确方位修正点位图上的点位位置，并用 GPS 定位仪进行定位。若确定的菜地与布点目的不一致，要将其情况向技术组说明，以便调整。

调查、取样：向已确定采样田块（日光温室、塑料大棚、露天菜地）的户主，按调查表格内容逐项进行调查填写，并在该田块里采集土样。耕层样采样深度为 0～25cm，亚耕层样采样深度为 25～50cm（根据点位图的要求确定是否取亚耕层样）。耕层样及亚耕层样采用"S"法均匀随机采取 10～15 个采样点，要按照蔬菜地的沟、垄面积比例确定沟、垄取土点位的数量，土样充分混合后，4 分法留取 1kg。其他同大田土样采样方法。

打环刀测容重的位置，要选择栽培蔬菜的地方，第一层在 10～15cm，第二层在 35～40cm，每层打 3 个环刀。

（三）污染调查土样采样方法

根据污染类型及面积大小，确定采样点布设方法。污水灌溉或受污染的水灌溉，采用对角线布点法。受固体废物污染的采用棋盘或同心圆布点法。面积较小、地形平坦采用梅花布点法。面积较大、地形较复杂的采用"S"布点法。每个样品一般由 5～10 个采样点组成，面积大的适当增加采样点。土样不局限于某一田块。采样深度一般为 0～20cm。其他同大田土样采样方法。

（四）水样采样方法

灌溉高峰期采集。用 500mL 聚乙烯瓶在抽水机出口处或农渠出水口采集 4 瓶，记载水源类型、取样时间、取样人等内容。采集后尽快送化验室，根据测定项目加入保存剂，并妥善保存。蔬菜主产区的回水水样，从水井中采集，其他同前。

（五）植株样采样方法

在蔬菜、果品的收获盛期采集。采用棋盘法，采样点一般为 10～15 个。蔬菜采集可食部分，个体大的样品，可先纵向对称切成 4 份或 8 份后，4 分法留取 2kg。果品采样时，要在上、中、下、内、外均匀采摘，4 分法留取 2～3kg。

三、确定调查内容

在采样的同时，对样点的立地条件、土壤属性、农田基础设施条件、栽培管理与污染等情况进行详细调查。为了便于分析汇总，样表中所列项目原则上要无一遗漏，并按技术规范来描述。对样表未涉及，但对当地耕地地力评价又起着重要作用的一些因素，可在表中附加，并将相应的填写标准在表后注明。

（一）基本项目

1. 立地条件

经纬度及海拔高度由 GPS 仪进行测定，经纬度单位统一为"度""分""秒"。

土壤名称按照全国第二次土壤普查时的连续命名法填写。

潜水埋深：分为深位（＞3～5m）、中位（2～3m）、高位（＜2m）。

潜水的埋深和水质：依据含盐量（g/L）分为淡水（＜1）、微淡水（1～3）、咸水（3～10）、盐水（10～50）、卤水（＞50）等。

2. 土壤性状调查

土壤质地：指表层质地，按第二次土壤普查规程填写，分为沙土、沙壤土、轻壤土、中壤土、重壤土、黏土 6 级。

土体构型：指不同土层之间的质地构造变化情况。一般可分为薄层型（＜30cm）、松散型（通体沙型）、紧实型（通体黏型）、夹层型（夹沙砾型、夹黏型、夹料姜型等）、上紧下松型（漏沙型）、上松下紧型（蒙金型）、海绵型（通体壤型）等。

耕层厚度：按实际测量确定，单位统一为厘米（cm）。

障碍层次及出现深度：主要指沙、黏、砾、卵石、料姜、石灰结核等所发生的层位，应描述出障碍层次的种类及其深度。

障碍层厚度：最好实测，或访问当地群众，或查对土壤普查资料。

盐碱情况：盐碱类型分为苏打盐化、硫酸盐盐化、氯化物盐化、碱化等。盐化程度分为重度、中度、轻度等；碱化程度分为轻、中、重等。

3. 农田设施调查

地面平整度：按大范围地形坡度确定，分为平整（＜3°）、基本平整（3°～5°）、不平整（＞5°）。

灌溉水源类型：分为河流、地下水（深层、浅层）、污水等。

输水方式：分为漫灌、畦灌、沟灌、喷灌等。

灌溉次数：指当年累计的次数。

年灌水量：指当年累计的水量。

灌溉保证率：按实际情况填写。

排涝能力：分为强、中、弱 3 级。分别抗 10 年一遇、抗 5～10 年一遇、抗 5 年一遇等。

4. 生产性能与管理调查

家庭人口：以调查户户籍登记为准。

耕地面积：指调查当年该户种植的所有耕地（包括承包地）。

种植（轮作）制度：分为一年一熟、二年三熟、一年三熟等。

作物（蔬菜）种类及产量：指调查地块近 3 年主要种植作物及其平均产量。

耕翻方式及深度：指翻耕、深松耕、旋耕、耙地、糖地、中耕等。

秸秆还田情况：分年度填写近 3 年直接还田的秸秆种类、方法、数量。

设施类型、棚龄或种菜年限：分为薄膜覆盖、阳畦、温床、塑料拱棚等类型。棚龄以正式投入使用算起。种菜年限指本地块种植蔬菜的年限。无任何设施的，只填写种菜年限。

施肥情况：肥料分为有机肥、氮肥、磷肥、钾肥、复合肥、微肥、叶面肥、微生物肥及其他肥料，写清产品外包装所标志的产品名称、主要成分及生产企业。

农药使用情况：上年度使用的农药品种、用量、次数、时间。

种子（蔬菜）品种及来源：已通过国家正式审定（认定）的，要填写正式名称。取得的途径分为自家留种、邻家留种、经营部门（单位或个人）。

生产成本：

化肥：当年所收获作物或蔬菜全生育期的化肥投资总和。

有机肥：当年所收获作物或蔬菜的有机肥投资总和。

农药：当年所收获作物或蔬菜的农药投资总和。

农膜：当年所收获作物或蔬菜的农膜投资总和。

种子（种苗）：当年所收获作物或蔬菜的种子（种苗）投资总和。

机械：当年所收获作物或蔬菜的机械投资总和。

人工：当年所收获作物或蔬菜的人工总数。

其他：当年所收获作物或蔬菜的其他投入。

产品销售及收入情况：大田采样点要调查上年度该农户所种植的各种农作物的总产量，每一种农作物的市场价格、销售量、销售收入等。

蔬菜效益：指各年度的纯收益。

5. 土壤污染情况调查

包括：污染物类型、污染面积、距污染源距离、污染源企业名称、企业地址、污染物排放量、污染范围、污染造成的危害、污染造成的经济损失。

（二）调查步骤

1. 确定调查单元

用土壤图（土种）与行政区划图以及土地利用现状图叠加产生的图斑作为耕地地力调查的基本单元。对于耕地，每个单元代表面积 150 亩左右，根据本区的基本农田保护区内的耕地和蔬菜地面积，确定总评价单元数量为 2000 个。

2. 用 GPS 确定采样点的地理坐标

在选定的调查单元，选择有代表性的地块，用 GPS 确定该采样点的经纬度和高程。

3. 大田调查与取样

（1）选择有代表性的地块，取土样、水样、植株样。

（2）填写大田采样点基本情况调查表。

（3）填写大田采样点农户调查表。

在选定的调查单元，选择有代表性的农户，调查耕作管理、施肥水平、产量水平、种植制度、灌溉等情况，填写调查表格。

4. 蔬菜地调查与取样

（1）选择有代表性的地块，取土样、容重样、水样、植株样。

（2）填写蔬菜采样点基本情况调查表。

（3）填写蔬菜采样点农户调查表。

在选定的调查单元，选择有代表性的农户，调查蔬菜地设施类型及分布、耕作管理、施肥水平、产量水平、种植制度、灌溉等情况，填写调查表格，并补绘土地利用现状图。

5. 填写污染源基本情况调查表

在大田和蔬菜地，如果有点源污染和面源污染源的存在，要同时按照污染调查的内容填写污染源基本情况表。

6. 调查数据的整理

由野外调查所产生的一级数据（基本调查表），经技术负责人审核后，由专业人员按数据库要求进行编码、整理、录入。

四、确定分析项目与内容

根据农业部《测土配方施肥技术规范》要求，所取土壤样品主要来自大田作物农田土壤，根据正定县大田作物种植状况，确定土壤样品的重点测试项目有：pH 值、全氮、水解性氮（碱解氮）、有机质、有效磷、速效钾、缓效钾、有效硫、有效铁、有效锰、有效铜、有效锌、水溶态硼。

五、确定野外调查的技术路线

根据确定的取土点位，把取土人员分成 8 个组，根据乡镇面积和所取土壤样品多少每组负责 1~2 个乡镇，由乡镇技术人员带队到村与村技术员结合，确定取土地块的农户并去取土点取土，同时对农户进行调查，填写取土点农户基本情况及施肥情况调查表。

第三节　样品分析与质量控制

一、土壤样品制备与管理

（一）样品制备

1. 新鲜样品

某些土壤成分如二价铁、硝态氮、铵态氮等在风干过程中会发生显著变化，必须用新鲜样品进行分析。为了能真实反映土壤在田间自然状态下的某些理化性状，新鲜样品要及时送回室内进行处理分析，用粗玻璃棒或塑料棒将样品混匀后迅速称样测定。

新鲜样品一般不宜储存，如需要暂时储存，可将新鲜样品装入塑料袋，扎紧袋口，放在冰箱冷藏室或进行速冻保存。

2. 风干样品

从野外采回的土壤样品要及时放在样品盘上，摊成薄薄一层，置于干净整洁的室内通风处自然风干，严禁暴晒，并注意防止酸、碱等气体及灰尘的污染。风干过程中要经常翻动土样并将大土块捏碎以加速干燥，同时剔除侵入体。

风干后的土样按照不同的分析要求研磨过筛，充分混匀后，装入样品瓶中备用。瓶内外各放标签一张，写明编号、采样地点、土壤名称、采样深度、样品粒径、采样日期、采样人及制样时间、制样人等项目。制备好的样品要妥为储存，避免日晒、高温、潮湿和酸碱等气体的污染。全部分析工作结束，分析数据核实无误后，试样一般还要保存 3 个月至 1 年，以备查询。"3414"试验等有价值、需要长期保存的样品，须保存于广口瓶中，用蜡封好瓶口。

（二）样品管理

1. 一般化学分析试样

将风干后的样品平铺在制样板上，用木棍或塑料棍碾压，并将植物残体、石块等侵入体和新生体剔除干净。细小已断的植物须根，可采用静电吸附的方法清除。压碎的土样用 2mm 孔径筛过筛，未通过的土粒重新碾压，直至全部样品通过 2mm 孔径筛为止。通过 2mm 孔径筛的土样可供 pH 值、盐分、交换性能及有效养分等项目的测定。

将通过 2mm 孔径筛的土样用 4 分法取出一部分继续碾磨，使之全部通过 0.25mm 孔径筛，供有机质、全氮、碳酸钙等项目的测定。

2. 微量元素分析试样

用于微量元素分析的土样，其处理方法同一般化学分析样品，但在采样、风干、研磨、过筛、运输、储存等诸环节都要特别注意，不要接触容易造成样品污染的铁、铜等金属器具。采样、制样推荐使用不锈钢、木、竹或塑料工具，过筛使用尼龙网筛等。通过 2mm 孔径尼龙筛的样品可用于测定土壤有效态微量元素。

3. 颗粒分析试样

将风干土样反复碾碎，用 2mm 孔径筛过筛。留在筛上的碎石称量后保存，同时将过筛的土壤称重，计算石砾质量百分数。将通过 2mm 孔径筛的土样混匀后盛于广口瓶内，用于颗粒分析及其他物理性质测定。若风干土样中有铁锰结核、石灰结核、铁子或半风化体，不能用木棍碾碎，应首先将其细心拣出称量保存，然后再进行碾碎。

二、分析项目与方法确定

根据农业部《测土配方施肥技术规范》和《河北省测土配方化验室建设技术规范》要求，确定分析的项目和采用的方法。

（一）物理性状

土壤容重：采用环刀法。

（二）化学性状

土壤 pH 值的测定，采用玻璃电极法。

土壤有机质的测定，采用重铬酸钾—硫酸溶液—油浴法。

土壤全氮的测定，采用凯氏定氮法。

土壤水解性氮的测定，采用碱解扩散法。

土壤有效磷的测定，采用钼锑抗比色法（碳酸氢钠提取）。

土壤速效钾的测定，采用火焰光度法（乙酸铵提取）。

土壤缓效钾的测定，采用原子吸收分光光度法（硝酸提取）。

土壤有效性铜、锌、铁、锰的测定，采用原子吸收分光光度法（DTPA 提取）。

土壤水溶态硼的测定，采用甲亚胺—比色法。

三、样品分析的质量控制

（一）实验室基本要求

实验室资格：通过省级（或省级以上）计量认证或通过全国农业技术推广服务中心资格考核。

实验室布局：足够的面积，总体设计合理，每一类分析操作有单独的区域，具备与检测项目相适应的水、电、通风排气、照明、废水及废物处理等设施。

人员：配备经过培训考核合格的相应专业技术人员，承担各自相应的检测项目。

仪器设备：与承检项目相适应，其性能和精度满足检测要求。

环境条件：满足承检项目、仪器设备的检测要求。

实验室用水：用离子交换法制备，并符合《分析实验室用水规格和试验方法》（GB/T 6682—2008）的规定。常规检验使用三级水，配制标准溶液用水、特定项目用水应符合二级水要求。

（二）分析质量控制基础实验

1. 全程序空白值测定

全程空白值是指用某一方法测定某物质时，除样品中不合该物质外，整个分析过程中引起的信号值或相应浓度值。每次做 2 个平行样，连测 5 天共得 10 个测定结果，计算批内标准偏差 S_{wb} 按下式计算：

$$S_{wb} = \{ \sum (X_i - X_平)^2 / m(n-1) \}^{1/2}$$

式中：n 为每天测定平均样个数；m 为测定天数。

2. 检出限

检出限是指对某一特定的分析方法在给定的置信水平内可以从样品中检测待测物质的最小浓度或最小量。根据空白测定的批内标准偏差（S_{wb}）按下列公式计算检出限（95% 的置信水平）。

（1）若试样一次测定值与零浓度试样一次测定值有显著性差异时，检出限按下式计算：

$$L = 2 \times 2^{1/2} t_f S_{wb}$$

式中：L 为方法检出限；t_f 为显著水平为 0.05（单侧）自由度为 f 的 t 值；S_{wb} 为批内空白值标准偏差；f 为批内自由度，$f = m(n-1)$，m 为重复测定次数，n 为平行测定次数。

（2）原子吸收分析方法中用下式计算检出限：

$$L = 3S_{wb}$$

分光光度法以扣除空白值后的吸光值为 0.010 相对应的浓度值为检出限。

由测得的空白值计算出 L 值不应大于分析方法规定的最低检出浓度值，如大于分析方法规定值时，必须寻找原因降低空白值，重新测定计算直至合格。

（3）校准曲线：标准系列应设置 6 个以上浓度点。

根据一元线性回归方程　　$y = a + bx$

式中：y 为吸光度；x 为待测液浓度；a 为截距；b 为斜率。

校准曲线相关系数应力求 $R \geqslant 0.999$。

校准曲线控制：每批样品皆需做校准曲线；校准曲线要 $R > 0.999$，且有良好重现性；即使校准曲线有良好重现性也不得长期使用；待测液浓度过高时不能任意外推；大批量分析时，每测 20 个样品也要用一标准液校验，以查仪器灵敏度飘移。

（4）精密度控制：①测定率。凡可以进行平行双样分析的项目，每批样品每个项目分析时均须做 10% ～15% 平行样品，5 个样品以下，应增加到 50% 以上。②测定方式。由分析者自行编入的明码平行样，或由质控员在采样现场或实验室编入的密码平行样。二者等效、不必重复。③合格要求。平行双样测定结果的误差在允许误差范围之内者为合格，部分项目允许误差范围参照表 2 - 1。平行双样测定全部不合格者，应重新进行平行双样的测定；当平行双样测定合格率 <95% 时，除对不合格者重新浊定外，再增加 10% ～20% 的测定率，如此累进，直到总合格率为 95%。在批量测定中，普遍应用平行双样实验，其平行测定结果之差为绝对相差；绝对相差除以平行双样结果的平均值即为相对相差。当平行双样测定结果超过允许范围时，应查找原因重新测定。

相对相差（T）＝｜$a1 - a2$｜×100/0.5（$a1 + a2$）

平行测定结果允许误差如表 2 - 1 所示。

表 2 - 1　平行测定结果允许误差

有机质	含量/ （g/kg）	允许绝对误差/ （g/kg）	有效锌 或有效铜	测定值/ （mg/kg）	允许差值
	<10 10～40 40～70 >100	≤0.5 ≤1.0 ≤3.0 ≤5.0		<1.50 ≥1.50	绝对差值≤0.15（mg/kg） 相对相差≤10%
全氮	全氮量/ （g/kg）	允许绝对误差/ （g/kg）	有效锰或 有效铁	测定值/ （mg/kg）	允许差值
	>1 1～0.6 <0.6	≤0.05 ≤0.04 ≤0.03		<15.0 ≥15.0	绝对差值≤1.5（mg/kg） 相对相差≤10%

续表

有效磷	测定值/（mg/kg）	允许差/（mg/kg）	有效硫	测定结果	相对相差≤10%
	<10 10～20 >20	绝对差值≤0.5 绝对差值≤1.0 绝对差值≤0.05	水解性氮	测定结果	相对相差≤10%
缓效钾	测定结果	相对相差≤8%	pH值	测定值	允许绝对相差
速效钾	测定结果	相对相差≤5%		中性、酸性土壤 碱性土壤	≤0.1pH值单位 ≤0.2pH值单位

（5）准确度控制：本工作仅在土壤分析中执行。①使用标准样品或质控样品。例行分析中，每批要带测质控平行双样，在测定的精密度合格的前提下，质控样测定值必须落在质控样保证值（在95%的置信水平）范围之内，否则本批结果无效，需重新分析测定。②加标回收率的测定。当选测的项目无标准物质或质控样品时，可用加标回收实验来检查测定准确度。

回收率 =（加标试样测得总量 − 样品含量）×100/加标量

加标率。在一批试样中，随机抽取10%～20%试样进行加标回收测定。样品数不足10个时，适当增加加标比率。每批同类型试样中，加标试样不应小于1个。

加标量。加标量视被测组分的含量而定，含量高的加入被测组分含量的50%～100%，含量低的加2～3倍，但加标后被测组分的总量不得超出方法的测定上限。加标浓度宜高，体积应小，不应超过原试样体积的1%。

合格要注。加标回收率应在允许的范围内，如果要求允许差值为±2%，则回收率应在98%～102%。回收率越接近100%，说明结果越准确。

（6）实验室间的质量考核：①发放已知样品。在进行准备工作期间，为便于各实验室对仪器、基准物质及方法等进行校正，以达到消除系统误差的目的。②发放考核样品。考核样应有统一编号、分析项目、稀释方法、注意事项等。含量由主管掌握，各实验室不知，考核各实验室分析质量，样品应按要求时间内完成。填写考核结果（见表2-2、表2-3）。

表2-2 实验室已知样液测定结果

考核元素	编号	测定日期	测定次数与结果/（mg/kg）						平均值（X）	标准差（S）	相对标准差（%）	全程空白/（mg/kg）	相关系数（R）	方法与仪器
			1	2	3	4	5	6						

测定单位：　　　　　　　　　　　　　　　　分析质控负责人：

测定人：　　　　　　　　　　　　　　　　　室主任：

表 2 - 3   实验室未知考核样测定结果

考核元素	编号	测定日期	测定次数与结果/（mg/kg）						平均值（X）	标准差（S）	相对标准差（%）	全程空白/（mg/kg）	相关系数（R）	方法与仪器
			1	2	3	4	5	6						

测定单位：   分析质控负责人：

测定人：   室主任：

（7）异常结果发现时的检查与核对：

①Grubb's 法。在判断一组数据中是否产生异常值可用数理统计法加以处理观察，采用 Grubb's 法。

$$T_{计} = \mid X_k - X \mid /S$$

式中：X_k 为怀疑异常值；X 为包括 X_k 在内的一组平均值；S 为包括 X_k 在内的标准差。

根据一组测定结果，从由小到大排列，按上述公式，X_k 可为最大值，也可为最小值。根据计算样本容量 n 查 Grubb's 检验临界值 T_a 表，若 $T_{计} \geq T_{0.01}$，则 X_k 为异常值；若 $T_{计} < T_{0.01}$，则 X_k 不是异常值。

②Q 检验法。多次测定一个样品的某一成分，所得测定值中某一值与其他测定值相差很大时，常用 Q 检验法决定取舍。

$$Q = d/R$$

式中：d 为可疑值与最邻近数据的差值；R 为最大值与最小值之差（极差）。

将测定数据由小到大排列，求 R 和 d 值，并计算得 Q 值，查 Q 表，若 $Q_{计算} > Q_{0.01}$，舍去。

第四节　耕地地力评价原理与方法

耕地是土地的精华，是农业生产不可替代的重要生产资料，是保持社会和国民经济可持续发展的重要资源。保护耕地是我们的基本国策之一，因此，及时掌握耕地资源的数量、质量及其变化对于合理规划和利用耕地，切实保护耕地有十分重要的意义。在全面的野外调查和室内化验分析，获取大量耕地地力相关信息的基础上，进行了耕地地力综合评价，评价结果对于全面了解全市耕地地力的现状及问题、耕地资源的高效和可持续利用提供了重要的科学依据，为县域耕地地力综合评价提供了技术模式。

一、耕地地力评价原理

（一）评价的原则

耕地地力就是耕地的生产能力，是在一定区域内一定的土壤类型上，耕地的土壤理化性状、所处自然环境条件、农田基础设施及耕作施肥管理水平等因素的总和。根据评价的目的要求，在正定县耕地地力评价中，我们遵循的是以下基本原则。

1. 综合因素研究与主导因素分析相结合原则

土地是一个自然经济综合体，是人们利用的对象，对土地质量的鉴定涉及自然和社会经济多个方面，耕地地力也是各类要素的综合体现。所谓综合因素研究是指对地形地貌、土壤理化性状、相关社会经济因素之总体进行全面的分析、研究与评价，以全面了解耕地地力状况。主导因素是指对耕地地力起决定作用的、相对稳定的因子，在评价中要着重对其进行研究分析。因此，把综合因素与主导因素结合起来进行评价则可以对耕地地力做出科学准确的评定。

2. 共性评价与专题研究相结合原则

正定县耕地利用存在菜地、农田等多种类型，土壤理化性状、环境条件、管理水平等不一，因此耕地地力水平有较大的差异。一方面，考虑区域内耕地地力的系统、可比性，针对不同的耕地利用等状况，选用的统一的共同的评价指标和标准，即耕地地力的评价不针对某一特定的利用类型；另一方面，为了了解不同利用类型的耕地地力状况及其内部的差异情况，对有代表性的主要类型如蔬菜地等进行专题的深入研究。这样，共性的评价与专题研究相结合，使整个评价和研究更具有应用价值。

3. 定量和定性相结合原则

土地系统是一个复杂的灰色系统，定量和定性要素共存，相互作用，相互影响。因此，为了保证评价结果的客观合理，宜采用定量和定性评价相结合的方法。在总体上，为了保证评价结果的客观合理，尽量采用定量评价方法，对可定量化的评价因子如有机质等养分含量、土层厚度等按其数值参与计算，对非数量化的定性因子如土壤表层质地、土体构型等则进行量化处理，确定其相应的指数，并建立评价数据库，用计算机进行运算和处理，尽力避免人为随意性因素影响。在评价因素筛选、权重确定、评价标准、等级确定等评价过程中，尽量采用定量化的数学模型，在此基础上则充分运用人工智能和专家知识，对评价的中间过程和评价结果进行必要的定性调整，定量与定性相结合，选取的评价因素在时间序列上具有相对的稳定性，如土壤的质地、有机质含量等，从而保证了评价结果的准确合理，使评价的结果能够有较长的有效期。

4. 采用 GIS 支持的自动化评价方法原则

自动化、定量化的土地评价技术是当前土地评价的重要方向之一。近年来，随着计算机技术，特别是 GIS 技术在土地评价中的不断应用和发展，基于 GIS 的自动化评价方法已不断成熟，使土地评价的精度和效率大大提高。本次的耕地地力评价工作将通过数据库建立、评价模型及其与 GIS 空间叠加等分析模型的结合，实现了全数字化、自动化的评价流程，在一定的程度上代表了当前土地评价的最新技术方法。

（二）评价的依据

耕地地力是耕地本身的生产能力，因此耕地地力的评价则依据与此相关的各类自然和社会经济要素，具体包括三个方面：

第一，耕地地力的自然环境要素包括耕地所处的地形地貌条件、水文地质条件、成土母质条件等；第二，耕地地力的土壤理化要素包括土壤剖面与土体构型、耕层厚度、质地、容重、障碍因素等物理性状，有机质、N、P、K 等主要养分、微量元素、pH值、交换量等化学性状；第三，耕地地力的农田基础设施条件包括耕地的灌排条件、水土保持工程建设、培肥管理条件等。

（三）评价指标

为做好正定县耕地地力调查工作，经过研讨确定了指标的选取、量化以及评价方法。认为耕地地力主要受成土母质、地下水、微地貌等多种因素的影响，不同地下水埋深及矿化度、不同母质发育的土壤，耕地地力差异较大，各项指标对地力贡献的份额在不同地块也有较大的差别，并对每一个指标的名称、释义、量纲、上下限给出准确的定义并制订了规范。在全国共用的 55 项指标体系框架中，选取了包括土壤理化性状、土壤养分状况（大量）、土壤养分状况（微量）、剖面性状及土壤管理 4 大类共 9 个指标，作为耕地地力评价指标体系（见表 2 - 4）。

表 2 - 4　正定县耕地地力评价指标体系

评价因子			分级界点值								
养分状况大量	有效磷/(mg/kg)	指标	50	40	30	20	10	5	3	1	<1
		评估值	1	0.9	0.8	0.7	0.6	0.5	0.3	0.1	0
	速效钾/(mg/kg)	指标	200	160	120	100	60	40	30		<5
		评估值	1	0.9	0.8	0.7	0.6	0.5	0.4		0
理化性状	有机质/(g/kg)	评估值	30	26	22	18	14	10	6		<3
		指标	1	0.9	0.8	0.7	0.6	0.5	0.4		0
	质地	评估值	轻壤土	中壤土		重壤土	轻黏土		沙壤土		松沙土
		指标	0.9	1		0.8	0.8		0.4		0.1
土壤管理	灌溉条件	指标	很好	好		一般	较差		差		很差
		评估值	1	0.9		0.7	0.5		0.3		0.1

注：评估值应大于等于 0，并且小于或等于 1。

二、耕地地力评价方法

评价方法分为单因子指数法和综合指数法。单因素评价模型采用模糊评价法、层次分析法，综合指数评价模型用聚类分析法、累加模型法等。

（一）模糊评价法

模糊数学的概念与方法在农业系统数量化研究中得到广泛的应用。模糊子集、隶属函数与隶属度是模糊数学的 3 个重要概念。一个模糊性概念就是一个模糊子集，模糊子集 A 的取值自 0→1 中间的任一数值（包括两端的 0 与 1）。隶属度是元素 χ 符合这个模糊性概念的程度。完全符合时隶属度为 1，完全不符合时为 0，部分符合即取 0 与 1 之间一个中间值。隶属函数 $\mu_A(\chi)$ 是表示元素 χ_i 与隶属度 μ_i 之间的解析函数。根据隶属函数，对于每个 χ_i 都可以算出其对应的隶属度 μ_i。

应用模糊子集、隶属函数与隶属度的概念，可以将农业系统中大量模糊性的定性概念转化为定量的表示。对不同类型的模糊子集，可以建立不同类型的隶属函数关系。

在这次土壤质量评价中，我们根据模糊数学的理论，将选定的评价指标与耕地生产能力的关系分为戒上型函数、戒下型函数、峰型函数、直线型函数以及概念型 5 种类型的隶属函数。对于前 4 种类型，可以用特尔菲法对一组实测值评估出相应的一组隶属度，并根据这两组数据拟合隶属函数，也可以根据唯一差异原则，用田间试验的方法获得测试值与耕地生产能力的一组数据，用这组数据直接拟合隶属函数（见表 2 - 5）。鉴于质地对耕地其他指标的影响，有机质、阳离子代换量、速效钾等指标应按不同质地类型分别拟合隶属函数。

表 2 - 5　正定县要素类型及其隶属度函数模型

指标类型	函数类型	函数公式	c	μ_t
有机质	戒上型	$y = 1/\left[1 + 0.001968\ (x-c)^2\right]$	33.01	$\mu_t < 3$
速效钾	戒上型	$y = 1/\left[1 + 0.000038\ (x-c)^2\right]$	205.114	$\mu_t < 10$
有效磷	戒上型	$y = 1/\left[1 + 0.000951\ (x-c)^2\right]$	45.1726	$\mu_t < 1$

通过专家评估、隶属函数拟合以及充分考虑土壤特征与植物生长发育的关系，赋予不同肥力因素以相应的分值，得到正定县耕地生产能力评价指标的隶属度，描述如下（见表 2 - 6）。

表 2 - 6　正定县耕地生产能力评价指标的隶属度

土壤有机质含量/（g/kg）							
指标	≥30	26	22	18	14	10	6	<5
专家评估值	1	0.9	0.8	0.7	0.6	0.5	0.4	0

土壤速效钾含量/（mg/kg）								
指标	≥200	160	140	120	100	80	60	40	<40
专家评估值	1	0.9	0.8	0.7	0.6	0.55	0.5	0.4	0

土壤有效磷含量/（mg/kg）								
指标	≥50	40	30	25	20	15	10	5	<5
专家评估值	1	0.9	0.8	0.7	0.6	0.5	0.3	0.1	0

土壤质地					
指标	轻壤质	中壤质	重壤质	轻黏质	沙壤质	松沙土
专家评估值	0.9	1	0.8	0.8	0.4	0.1

灌溉条件					
指标	很好	好	一般	较差	差	很差
专家评估值	1	0.9	0.7	0.5	0.3	0.1

（二）单因素权重：层次分析法

层次分析方法的基本原理是把复杂问题中的各个因素按照相互之间的隶属关系从高到低排成若干层次，根据对一定客观现实的判断，就同一层次相对重要性相互比较的结果，决定层次各元素重要性先后次序。这一方法在耕地地力评价中主要用来确定参评因素的权重。

1. 确定指标体系及构造层次结构

我们从河北省指标体系框架中选择了9个要素作为正定县耕地地力评价的指标，并根据各个要素间的关系构造了以下层次结构。

2. 农业科学家的数量化评估

请专家进行同一层次各因素对上一层次的相对重要性比较，给出数量化的评估。专家们评估的初步结果经过合适的数学处理后（包括实际计算的最终结果——组合权重）反馈给各位专家，请专家重新修改或确认。经多轮反复形成最终的判断矩阵。

3. 判别矩阵计算

（1）层次分析计算：目标层判别矩阵原始资料。

＝＝＝＝＝＝＝＝＝ 层次分析报告 ＝＝＝＝＝＝＝＝＝

模型名称：正定县耕地地力评价

计算时间：2011－8－27：40：36

目标层判别矩阵原始资料：

1.0000	0.3333	0.2000	0.1667
3.0000	1.0000	0.3333	0.2500
5.0000	3.0000	1.0000	0.5000
6.0000	4.0000	2.0000	1.0000

特征向量：$[0.0626, 0.1362, 0.3093, 0.4919]$

最大特征根为：4.0797

CI $= 2.65561793946387E-02$

RI $= .9$

CR $=$ CI/RI $= 0.02950687 < 0.1$

一致性检验通过！

准则层（1）判别矩阵原始资料：

1.0000	0.3333	0.2000
3.0000	1.0000	0.3333
5.0000	3.0000	1.0000

特征向量：$[0.1062, 0.2605, 0.6334]$

最大特征根为：3.0387

CI $= 1.93299118314012E-02$

RI $= .58$

CR $=$ CI/RI $= 0.03332743 < 0.1$

一致性检验通过！

准则层（2）判别矩阵原始资料：

1.0000　　　0.3333

3.0000　　　1.0000

特征向量：[0.2500，0.7500]

最大特征根为：1.9999

$CI = -5.00012500623814E-05$

$RI = 0$

$CR = CI/RI = 0.00000000 < 0.1$

一致性检验通过！

准则层（3）判别矩阵原始资料：

1.0000　　　0.4000

2.5000　　　1.0000

特征向量：[0.2857，0.7143]

最大特征根为：2.0000

$CI = -2.22044604925031E-16$

$RI = 0$

$CR = CI/RI = 0.00000000 < 0.1$

一致性检验通过！

准则层（4）判别矩阵原始资料：

1.0000　　　0.6667

1.5000　　　1.0000

特征向量：[0.4000，0.6000]

最大特征根为：2.0000

$CI = 2.49996875076874E-05$

$RI = 0$

$CR = CI/RI = 0.00000000 < 0.1$

一致性检验通过！

层次总排序一致性检验：

$CI = 1.21476575490635E-03$

$RI = 3.62847325342703E-02$

$CR = CI/RI = 0.03347870 < 0.1$

总排序一致性检验通过！

层次分析结果表

==

层次 C

层次 A	养分状况	养分状况	理化性状	剖面性状及	组合权重
0.0626	0.1362	0.3093	0.4919	$\sum C_i A_i$	
有效磷		0.2500			0.0340
速效钾		0.7500			0.1021

有机质	0.2857	0.0884
质地	0.7143	0.2209
质地构型	0.4000	0.1968
灌溉条件	0.6000	0.2952

＝＝＝＝＝＝＝＝＝＝＝＝＝＝＝＝＝＝＝＝＝＝＝＝＝＝＝＝＝＝＝＝＝＝＝＝

本报告由《县域耕地资源管理信息系统 V3.2》分析提供。

（2）单因素评价评语：通过田间调查及征求有关专家意见，对正定县的评价因素进行了量化打分，对数量型因素进行了隶属函数拟合，拟合结果如下。

土壤有机质：

$$y = 1 / [1 + 0.001968 (x - c)^2] \qquad c = 33.01 \quad \mu_t < 3$$

土壤有效磷：

$$y = 1 / [1 + 0.000951 (x - c)^2] \qquad c = 45.1726 \quad \mu_t < 1$$

土壤速效钾：

$$y = 1 / [1 + 0.000038 (x - c)^2] \qquad c = 205.114 \quad \mu_t < 10$$

灌溉条件：

$$y = 1 / [1 + 0.23919 (x - c)^2] \qquad c = 2.0512 \quad \mu_t < 0.1$$

质地：

$$y = 1 / [1 + 0.005812 (x - c)^2] \qquad c = 17.36 \quad \mu_t < 0.1$$

第五节　耕地资源管理信息系统的建立与应用

一、耕地资源管理信息系统的总体设计

（一）系统任务

耕地质量管理信息系统的任务在于应用计算机及 GIS 技术、遥感技术，存储、分析和管理耕地地力信息，定量化、自动化地完成耕地地力评价流程，提高耕地资源管理的水平，为耕地资源的高效、可持续利用奠定基础。

（二）系统功能

结合当前的耕地地力分析管理需求，耕地地力分析管理系统应具备的功能如下。

1. 多种形式的耕地地力要素信息的输入输出功能

支持数字、矢量图形、图像等多种形式的信息输入与输出。

统计资料形式：如耕地地力各要素调查分析数据、社会经济统计数据等。

图形形式：不同时期、不同比例尺的地貌、土壤、土地利用等耕地地力相关专题图等。

图像形式：包括耕地利用实地景观图片、遥感图像等。遥感图像又包括卫（航）片和数字图像两种形式。

文献形式：如土壤调查报告、耕地利用专题报告等。

其他形式：其他介质存储的其他系统数据等。

2. 耕地地力信息的存储及管理功能

存储各类耕地地力信息，实现图形与相应属性信息的连接，进行各类信息的查询及检索。完成统计数据的查询、检索、修改、删除、更新，图形数据的空间查询、检索、显示、数据转换、图幅拼接、坐标转换以及图像信息的显示与处理等。

3. 多途径的耕地地力分析功能

包括对调查分析数据的统计分析、矢量图形的叠加等空间分析和遥感信息处理分析等功能。

4. 定量化、自动化的耕地地力评价

通过定量化的评价模型与GIS的连接，实现从信息输入、评价过程，到评价结果输出的定量化、自动化的耕地地力评价流程。

（三）系统功能模块

采用模块化结构设计，将整个系统按功能逐步由上而下、从抽象到具体，逐层次的分解为具有相对独立功能、又具有一定联系的模块，每一模块可用简便的程序实现具体的、特定功能。各模块可独立运行使用，实现相应的功能，并可根据需要进行方便的连接和删除，从而形成多层次的模块结构，系统模块结构如图 2-1 所示。

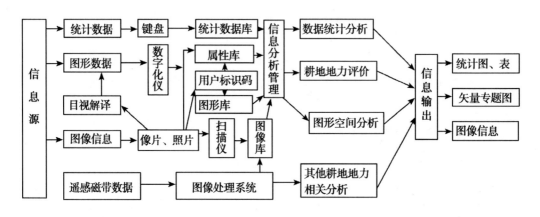

图 2-1 正定县耕地资源管理系统模块结构

输入输出模块：完成各类信息的输入及输出。

耕地地力评价模块：完成评价单元划分、参评因素提取及权重确定、评价分等定级等过程，支持进行耕地地力评价。

统计分析模块：完成耕地地力调查统计数据的各种分析。

空间分析模块：对耕地地力及其相关矢量专题图进行分析管理，完成坐标转换、空间信息查询检索、叠加分析等工作。

遥感分析模块：进行遥感图像的几何校正、增强处理、图像分类、差值图像等处理，完成土地利用及其动态、耕地地力信息的遥感分析。

（四）系统应用模型

系统包括评价单元划分、参评因素选取、权重确定及耕地地力等级确定的各类应用模型，支持完成定量化、自动化的整个耕地地力评价过程（见图 2-2），具体的应用模型为评价单元的划分及评价数据提取模型。

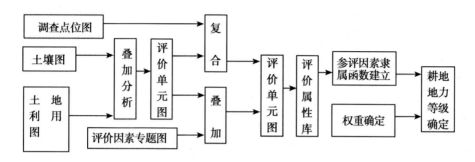

图 2 - 2　耕地地力评价计算机流程

评价单元是土地评价的基本单元，评价单元的划分有以土壤类型、土地利用类型等多种方法，但应用较多的是以地貌类型—土壤类型—植被（利用）类型的组合划分方法，耕地地力分析管理系统中耕地地力评价单元的划分采用叠加分析模型，通过土壤、土地利用等图幅的叠加自动生成评价单元图。

评价数据的提取是根据数据源的形式采用相应的提取方法，一是采用叠加分析模型，通过评价单元图与各评价因素图的叠加分析，从各专题图上提取评价数据；二是通过复合模型将土地调查点与评价单元图复合，从各调查点相应的调查、分析数据中提取各评价单元信息。

二、资料收集与整理

耕地地力评价是以耕地的各性状要素为基础，因此必须广泛地收集与评价有关的各类自然和社会经济因素资料，为评价工作做好数据的准备。本次耕地地力评价我们收集获取的资料主要包括以下几个方面。

1. 野外调查资料

按野外调查点获取，主要包括地形地貌、土壤母质、水文、土层厚度、表层质地、耕地利用现状、灌排条件、作物长势产量、管理措施水平等。

2. 室内化验分析资料

包括有机质、全氮、碱解氮、有效磷、速效钾、缓效钾等大量养分含量，有效锌、有效铜、有效铁、有效锰等微量养分含量，以及 pH 值、水溶态硼总量等。

3. 社会经济统计资料

以行政区划为基本单位的人口、土地面积、作物及蔬菜瓜果面积，以及各类投入产出等社会经济指标数据。

4. 基础图件及专题图件资料

1：50000 比例尺地形图、行政区划图、土地利用现状图、地貌图、土壤图等。

三、属性数据库建立

获取的评价资料可以分为定量和定性资料两大部分，为了采用定量化的评价方法和自动化的评价手段，减少人为因素的影响，需要对其中的定性因素进行定量化处理，根据因素的级别状况赋予其相应的分值或数值，采用 Microsoft Access 等常规数据库管理软件，以调查点为基本数据库记录，以各耕地地力性状要素数据为基本字段，建立耕地地力基础属性信息数据库，应用该数据库进行耕地地力性状的统计分析，它是耕地地力管理的重要基础数据。

此外，对于土壤养分因素，例如，有机质、氮、磷、钾、锌、铜等养分数据，首先按照野外实际调查点进行整理，建立以各养分为字段，以调查点为记录的数据库，之后，进行土壤采样点位图与分析数据库的连接，在此基础上对各养分数据进行自动的插值处理，经编辑，自动生成各土壤养分专题图层。将扫描矢量化及插值等处理生成的各类专题图件，在 ARCINFO 软件的支持下，以点、线、区文件的形式进行存储和管理，同时将所有图件统一转换到相同的地理坐标系统，进行图件的叠加等空间操作，各专题图的图斑属性信息通过键盘交互式输入，构成基本专题图的图形数据库。图形库与基础属性库之间通过调查点相互连接。

四、空间数据库的建立

采用图件扫描后屏幕数字化的方法建立空间数据库。图件扫描的分辨率为 300dpi，彩色图用 24 位真彩，单色图用黑白格式。数字化图件包括土地利用现状图、土壤图、地貌类型图、行政区划图等。

数字化软件统一采用 ARCINFO，坐标系为 1954 北京大地坐标系，比例尺为 1：50000。具体矢量化过程为：首先在 ARCINFO 的投影变换子系统中建立相应地区的相同比例尺的标准图幅框，在配准子系统中将扫描后的各栅格图与标准图框进行配准。在输入编辑子系统中采用手动、自动、半自动的方法跟踪图形要素完成数字化工作。生成点文件，线文件与多边形文件。其中多边形文件的建立要经过多次错误检查与建立拓扑关系。

五、耕地资源管理信息系统的建立与应用

（一）信息的处理

数据分类及编码是对系统信息进行统一而有效管理的重要依据和手段，为便于耕地地力信息的存储、分析和管理，实现系统数据的输入、存储、更新、检索查询、运算，以及系统间数据的交换和共享，需要对各种数据进行分类和编码。

目前，对于耕地地力分析与管理系统数据尚没有统一的分类和编码标准，我们在正定县系统数据库建立中则主要借鉴了相关的已有分类编码标准。如土壤类型的分类和编码，以及有关土壤养分的级别划分和编码，主要依据第二次土壤普查的有关标准。土地利用类型的划分则采用由全国农业区划委员会制定的土地资源详查的划分标准。其他如耕地地力评价结果、文件的统一命名等则考虑应用和管理的方便，制订了统一的规范，为信息的交换和共享提供了接口。

（二）信息的输入及管理

1. 图形数据的入库与管理

（1）数据整理与输入：为保证数据输入的准确快速，需进行数据输入前的整理。首先需对专题图件进行精确性、完整性、现实性的分析，在此基础上对专题地图的有关内容进行分层处理，根据系统设计要求选取入库要素。图形信息的输入可采用手扶跟踪数字化或扫描矢量化方法，相应的属性数据采用键盘录入。

（2）图形编辑及属性数据连接：数字化的几何图形可能存在悬挂线段、多边形标志点错误和小多边形等错误，利用 ARC/INFO 提供的点、线和区属性编辑修改工具，可进行图面的编辑修改、制图综合。对于图层中的每个图形单元均有一个标志码来唯一确定，它既存在位置数据中，又存放在相应的属性文件中，作为属性表的一个关键字段，由此将空间数据和属性数据连接在一起。可分别在数字化过程中以及图形编辑中完成图形标志码的输入，对应标志码添加属性数据信息。

（3）坐标变换与图形拼接：GIS 空间分析功能的实现要求数据库中的地理信息以相同的坐标为基础。地图的坐标系来源于地图投影，我国基本比例尺地图，比例尺大于 1∶500000 地图采用高斯—克吕格投影，1∶1000000 地图采用等角圆锥投影。比例尺大于 1∶100000 地图则以经纬线作其图廓，以方里网注记。经扫描或数字化仪数字化产生的坐标是一个随机的平面坐标系，不能满足空间分析操作的要求，应转换为统一的大地经纬坐标或方里网实地坐标。应用软件提供的坐标转换等功能实现坐标的转换及误差的消除。

由于研究区域范围以及比例尺的关系，整个研究区地图可能分为多幅，从而需要进行图幅的拼接。一方面，图幅的拼接可以在扫描矢量化以前，进行扫描图像间的拼接，另一方面，则在矢量化以后根据地物坐标进行图形的拼接。

（4）图形信息的管理：经过对图形信息的输入和处理，分别建立了相应的图形库和属性库。ARC/INFO 软件通过点、线和区文件的形式实现对图形的存储管理，可采用 Excel、FOXPRO 等直接进行其相应属性数据的操作管理，使操作更加方便和灵活。

2. 统计数据的建库管理

对统计数据内容进行分类，考虑系统有关模块使用统计数据的方便，按照 Microsoft Access 等建库要求建立数据库结构，键盘录入各类统计数据，进行统一的管理。

3. 图像信息的建库管理

以遥感图像分析处理软件 ENVI 进行管理，该软件具有图像的输入输出、纠正处理、增强处理、图像分类等各种功能，其分析处理结果可以转为 BMP、JPG、TIF 等普通图像格式，由此可通过 PhotoShop 等与其他景观照片等图像进行统一管理，建立图像库。

（三）系统软硬件及界面设计

1. 系统硬件

根据耕地地力分析管理的需要，耕地地力分析管理系统的基本硬件配置为：高档微机、数字化仪，喷墨绘图仪，扫描仪，打印机等（见图 2－3）。

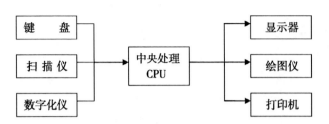

图 2 - 3 耕地地力分析管理系统的基本硬件配置

2. 系统软件

耕地地力分析管理系统的基本操作系统为 Windows 2000 或 Windows XP 系统。考虑基层应用的方便及系统应用，所采用的通用地理信息系统平台是目前应用较为广泛的 ARCGIS，该软件可以满足耕地地力分析及管理的基本需要，且为汉化界面，人机友好。主要利用 ARCGIS 有关模块实现对空间图形的输入输出、管理、完成有关空间分析操作。遥感图像分析管理采用图像处理 ENVI 软件，完成各类遥感影像的分析处理。采用 VB 语言、.NET语言等编制系统各类应用模型，设计完成系统界面。借助数据库管理软件 Microsoft Access 等进行调查统计数据的管理。

3. 系统界面设计

界面是系统与用户间的桥梁。具有美观、灵活和易于理解、操作的界面，对于提高用户使用系统工作效率，充分发挥系统功能有很大作用。耕地地力分析管理系统界面根据系统多层次的模块化结构，主要采用 VB 语言设计编写，以 Windows 为界面。为便于系统的结果演示，则将 VB 与 MO（Map Object）结合，直接调用和查询显示耕地地力的各类分析结果，通过菜单操作完成系统的各种功能。

第三章 耕地土壤的立地条件与农田基础设施

第一节 耕地土壤的立地条件

一、地形地貌特点

正定县地处太行山隆起带的东侧，冀中凹陷区边缘，山前冲洪积扇的中上部为山前倾斜平原。总的趋势是西北高、东南低，由西北向东南倾斜。正定县城海拔高度为70.0m，海拔高度为105m（陈家疃一带）至65m（蟠桃一带），自然坡度1.3‰。

正定县地势较平坦、地貌复杂，整个洪积冲积平原被滹沱河和老磁河分割成北、中、南3部分。滹沱河两侧发育有与河水流向大体一致的陡坎，一般高于当地地面1～5m，最高的约30m。这些陡坎为滹沱河的二级阶地。河北侧有上曲阳—曲阳桥陡坎、南岗陡坎、岸下陡坎、西上泽—西洋陡坎、蟠桃陡坎等。沿老磁河床附近分布着与河流走向大体一致的长垣状、串珠状的沙丘、沙垄，高出当地地面2～6m不等。新中国成立后，随着大规模农田建设的开展，大部分沙丘已被铲平。由于开采建筑用沙，有的沙丘已变为沙坑。

二、成土母质类型

正定县地处山前冲洪积扇的中上部，成土母质主要以洪积冲积物壤质为主，在磁河故道上以沙质为主；其次为冲积淤积母质，主要是滹沱河及其沿岸地带。其母质水平方向的质地变化服从河流沉积规律，垂直方向的质地变化比较紊乱，这是由于滹沱河多次泛滥交相沉积造成的。由于老磁河历史上多次改道，在正定县北部形成大小几条故河道，目前已干结断水。由于其携带的母质较粗，所以其故道上土壤多为沙质。滹沱河除主河道多矿质外，两侧多为壤质。

三、水资源、水文状况及分布

（一）水资源特征

多年平均降水量为552.5mm，折合水量3.16亿立方米。从降水量讲足以满足农作物对水分的需要，但由于降水分配不匀，全年降水量的2/3集中在7～9月的汛期阶段。常出现春季干旱的问题。据统计，多年平均水面蒸发量为1746.6mm。4～6月多年平均蒸发量为768.9mm，占年蒸发量的44%。6月最大蒸发量为294.8mm，占年平均蒸发量的17%。多年平均蒸发量是降雨量的3.5倍。

（二）地表水

包括自产水和过境水两部分。自产水和过境水年平均 21.91 亿立方米，地下水储量约 99.92 亿立方米。

自产水，境内只有周汉河。可利用量正常年灌溉期 3~11 月的水量全部为可利用量，据推算为 473 万立方米，偏枯年无水。

过境水包括：滹沱河（黄壁庄水库放水）、木刀沟（横山岭水库放水）、石津渠、灵正渠及其他小型渠道的水。平水年过境水为 216078 万立方米，偏枯年过境水为 71934m³。全县地表水可利用量正常年为 3743.8 万立方米，偏枯年为 2760 万立方米。

（三）地下水

正定地质构造沙卵石层占比例较大，天然补给条件好。据 1990 年县水利部门评估，全县浅水层含水组（0~70m）多年蓄积量为 338200 万立方米，中层承压水组（70~160m）蓄积量为 661000 万立方米。自 20 世纪 80 年代以来，由于地下水位连续下降，由降水入渗，河渠渗漏等各项补给量引起的地下水位变幅在地下水动态资料中反映不明显。因此，县水利部门从 1975 年开始设有观测井。根据观测评估，全县地下水综合补给量为 1.866 亿立方米。由于正定县地下水开采系数为 1，所以地下水直接采用补给量为 1.866 亿立方米。因为连年超采，正定县正形成整体区域地下水位下降，特别是毗邻石家庄市郊区部分乡镇，已囊括在石家庄市的地下水降落漏斗区，从而造成了地下水水质类型均已改变，部分地区地下水质污染严重。

四、地质状况

在元古代，正定所处的河北一带为下沉区，曾是一片汪洋大海。后来，经过阜平运动、五台运动和吕梁运动，在海洋中长期沉积成岩石。这些岩石不仅产生褶皱、断层，并成为古老的变质岩。受古生代志留纪和泥盆纪之间加里东运动的影响，这一代高出海面。经过二叠纪末的华力西运动，这一带上升为陆地，自中生代侏罗纪燕山运动以来，延平原的边缘发生了区域性的大断裂，平原部分形成了倾斜盆地。白垩纪末，燕山运动结束，这一带的地貌轮廓大体定型。第三纪至第四纪初期，平原区沉积了巨厚的河湖相红色岩系。第四纪以来，继续下降，沉积了巨厚的松散沉积物。第四纪的巨厚松散沉积物，在正定县厚度约 450m。其下为第三纪一套紫红色半胶结岩石，厚度不详。永安村西钻孔 650m，未见到下伏基岩。正定县所处大地构造位置属中期淮地台北部的华北断坳。根据地质力学分析，正定县所处的太行山地区属于新华夏构造体系。

正定县地质状况，正定位于太行山东部南北 30~60km 宽、东西 80~100km 长、厚度为 800~2600m 的一整块沉积岩石上，没有地震带，地震基本裂度 7 度。地表向下揭露厚度 17.00m 范围内，可分为 4 层。最上层为耕土层，厚度 0.4~0.6m；第 2 层为轻亚黏—亚黏土，厚度为 2.75~5.5m；第 3 层为沙类土，厚度为 0.3~5.28m；第 4 层为黏土。无不良地址现象，地下水无结晶性侵蚀和分解性侵蚀，适宜建筑。地表所出露的各类地基承载力：沙类土一般在 14~24t/m²，亚沙地在 13~20t/m²，天然地基承载力一般为 12t/m² 以上，适合于一般民用及工业建筑。

第二节　农田基础设施

一、农田基础设施

经过长期的综合治理和农业综合开发，正定县初步完成了治理阶段的任务，旱、涝、盐、薄得到了很好的治理，创造了优良的农业生产条件和完善的农田工程体系。

（一）改造自然工程

1. 打井配套

到 2010 年，全区用于农业灌溉的有 10414 眼。

2. 地下管道

到 2010 年，低压输水管道 323 万米，可灌溉 38.2 万亩耕地。

3. 平整改造

2006～2010 年，全县共完成土地开发整理项目 106 个，新增耕地 19171.5 亩，其中土地整理新增耕地 12863.1 亩，土地开发新增耕地 4608.75 亩，土地复垦新增耕地 1699.65 亩。

（二）土壤肥力建设

测土配方施肥技术普遍实施，化肥、农药品种结构进一步优化，单质、低浓度化肥和有毒、有害农药基本停止生产和使用，有机肥、生物肥、高效低毒生物农药等新型农业投入品全面推广，例如，大量的农作物秸秆资源可用来直接还田、过腹还田和积造有机肥、人畜粪便及沼渣、沼液资源等经过腐熟可以施用。

以中低产田治理为重点的沃土工程、有机质提升工程、增产千亿斤粮食田间工程、粮食高产示范创建工程等项目在正定县的实施，正定县将有近 33 万亩中低产田得到有效治理。

（三）农田林网工程

正定县没有原始森林，只有人工营造的各种树木。正定人民历来有植树的传统，以"前人栽树后人乘凉"为美德。新中国成立前，正定县村落、路旁、庭院、井旁都有些树木。新中国成立后，人民群众响应政府"植树造林绿化祖国"的号召，开展了大规模的植树造林活动。绿化了老磁河和滹沱河滩，防治了风沙、洪水危害，实现了路旁绿化和田间道路林网化，大力栽培果树，积极发展商品生产。到 1985 年，人工植被率 85.3%，占全县总面积 23%；到 2010 年，正定县林地面积达 133365 亩，林木覆盖率 26.34%。

（四）电力设施

正定县内电力充足，全部由京津唐电网供电，电力供应充足。各乡镇均架有高、低压线路，电力配套完善。

（五）交通建设

全县交通便捷。2010 年正定县县内交通干线 8 条，总长为 142.6km；县乡线 38 条，总长为 311.3km；村线 168 条，总长为 279.4km。正定县交通方便，京广铁路、京石高铁、107 国道、京深高速公路纵贯南北，石德铁路、石太铁路、307 国道、石黄高速公路穿境而过，坐落境内的石家庄机场已开通 40 多条国内外航线。在铁路、公路、水运、管道及航空五种交通运输方式中，正定县对外运输方式以公路和铁路为主。四通八达的铁路、公路运输网，为农产品生产销售提供了良好的运输条件。

二、农田排灌系统设施

（一）河流

正定县属于海河流域，子牙河和大清河水系。过境河流主要有滹沱河、磁河。滹沱河是子牙河支流之一，从正定境内北部和南部横穿而过。滹沱河自南白店入境，经大孙村、西柏棠、正定镇、三里屯、朱河村出境入藁城市，20 世纪 80 年代以前常年流水不断，自 60 年代以来上游岗南水库和黄壁庄水库建成后，河道来水受到限制，常年干涸。滹沱河在正定俗称"扑塌河"，是一条大害河，历史上每遇大雨，河水从山区到正定陡落平原，汛洪暴发，滹沱浸溢，塌田荡庐，冲毁城廓，由于滹沱河的历史变迁和多次洪涝决堤破岸，沙压良田及断流干涸，为正定造就了大片滩地资源。磁河自孔村入境，经南楼、里双、慈亭、新安、新城铺 5 个乡镇，至东咬村出境入藁城市。近代磁河已成为裸露地面的古河道，其滩地已全部垦为农田，河道不变，唯遇大汛，易遭水患。其地下故道所产生的建筑用沙，粒大匀净，质地优良，远销县内外，是正定县一大资源优势。

（二）机井

2010 年全县已有机井 14274 眼，其中用于农业灌溉的有 10414 眼，用于供水、工业用水的有 3840 眼。

（三）节水灌溉

节约利用水资源。按照合理开发、优化配置、高效利用、有效保护和综合治理的方针，建立健全水资源配置体系和安全供应体系，提高水资源利用和水资源保护整体水平，大力发展节水灌溉农业，到 2010 年发展节水灌溉面积 40.57 万亩，铺设节水管道210.9 万米；围绕设施农业，发展节水灌溉配套设施，积极推广管灌、滴灌、喷灌等先进节水技术。大力发展农田水利重点县项目，包括高标准农田灌溉体系、高标准农田排涝体系、农田灌溉监测体系、农田抗旱体系等农田抗旱工程。

三、农田配套系统设施

（一）田间路

田间路主要用于运输家用物资，机械作业进出田间等生产操作过程服务。正定县原来拥有的田间路由于年久失修，加上大型机械的碾压，部分道路高低不平，雨天过后道路泥泞，造成交通不便，随着农业机械化的普及，田间路已不适应农业发展，从优质粮食产业工程标准粮田建设，开始修复田间路，修复标准为主路面宽 3～6m 的沙石路，主要田间路与公路相连接，使用寿命 10 年左右。到 2010 年已经修复田间路 70 万平方米。

（二）农田耕作机械化

1986 年，正定县农业机械总动力为 303567kW，拥有各种型号拖拉机 4403 台，农用汽车 572 台；2000 年，正定县出现了秸秆还田机，总量达 1259 台；2001 年，正定县出现了大量的联合收割机，总量达 945 台；到 2010 年年底，全县农业机械总动力 1145991kW。配套农具 17723 台套，农用排灌机械 42463 套。

田间作业项目以机耕、机播、机收为主。机耕包括翻耕、旋耕，作业期集中在夏秋两季，秋季种麦前耕作量大，也有部分春耕。机播以小麦、玉米为主。全县大规模机播始于 1980 年。机收作物主要是小麦。小麦机械收割始于 1980 年。

第四章 耕地土壤属性

第一节 耕地土壤类型

一、土壤类型与分布

本次普查系统中的正定县土壤分类标准共有 3 个土类，分别是潮土、褐土、水稻土，各占 80.82%、18.41%、0.07%；7 个亚类，分别是石灰性褐土、潮褐土、褐土性土、褐潮土、潮土、湿潮土、潜育型水稻土；24 个土种，分别是沙壤质石灰性褐土、浅位厚层沙轻壤质石灰性褐土、深位厚层沙轻壤质石灰性褐土、轻壤质石灰性褐土、沙质潮褐土、深位厚层轻壤沙质潮褐土、沙壤质潮褐土、浅位厚层沙轻壤质潮褐土、深位厚层沙轻壤质潮褐土、轻壤质潮褐土、深位厚层黏轻壤质潮褐土、中壤质潮褐土、沙质褐土性土、沙质潮土、沙壤质潮土、浅位厚层沙轻壤质潮土、深位厚层沙轻壤质潮土、轻壤质潮土、浅位厚层沙轻壤质褐潮土、深位厚层沙轻壤质褐潮土、轻壤质褐潮土、轻壤质轻度湿潮土、轻壤质潜育型水稻土、中壤质潜育型水稻土。

二、土壤类型特征及生产性能

依据二次土壤普查的资料，正定土壤主要土类和亚类的剖面特征如下所示。

（一）石灰性褐土

石灰性褐土面积 343829.64 亩，占总面积的 39.81%，母质为洪积冲积物，通体强石灰反应，成土年代久远，发育层次分明，大都有较明显的黏化层和假菌丝体。其中包括 4 个土种。

1. 沙壤质石灰性褐土

该土种涉及南楼乡、曲阳桥乡、正定镇、北早现乡 4 个乡镇，面积 9304.12 亩，占石灰性褐土亚类的 2.71%；该土种表层沙壤，结构疏松，通透性好，内外排水畅通，但保水、保肥力差，熟化程度低，土地瘠薄，属低产土壤。

2. 浅位厚层沙轻壤质石灰性褐土

该土种涉及曲阳桥乡、北早现乡、南楼乡 3 个乡镇，面积 5806.14 亩，占石灰性褐土亚类的 1.69%；表土虽属轻壤，但土层浅薄，质地较轻，耕层 15～20cm，心土、底土大都是沙质、漏水漏肥。

3. 深位厚层沙轻壤质石灰性褐土

该土种涉及曲阳桥乡、北早现乡、南楼乡、正定镇 4 个乡镇，面积 26748.32 亩，占石灰性褐土亚类的 7.78%；表土轻壤，土层较厚，距地表 50cm 以下出现厚层沙，仍属于漏水漏肥的轻贫瘠土壤。

4. 轻壤质石灰性褐土

该土是正定县面积最大的一个土种，涉及曲阳桥乡、北早现乡、南楼乡、新安镇、南牛乡、诸福屯镇、正定镇 7 个乡镇，面积 301971.06 亩，占石灰性褐土亚类的 87.82%，占总土地资源面积的 34.97%；该土种表土轻壤，距地表 100cm 或 150cm 全部轻壤或间中壤、沙壤，均按均质轻壤对待；表土肥力中等。

（二）潮褐土

潮褐土主要分布在山麓平原中部，面积为 347924.71 亩，占褐土类面积的 49.85%，占土地资源总面积的 40.29%；地下水埋深较浅，可以借助于毛管作用达到底土层；土体构型上部具备褐土特征，底土则有潮土诊断特征锈纹锈斑出现。其中包括 8 个土种。

1. 沙质潮褐土

该土种分布在老磁河故道，涉及曲阳桥乡、南楼乡、新安镇、西平乐乡、新城铺镇、南牛乡 6 个乡镇，面积 43638.85 亩，占潮褐土面积的 12.54%；表土沙质，表土以下也大多为沙质，个别有沙壤存在；全部沙荒表土养分极低。

2. 深位厚层轻壤沙质潮褐土

该土种分布在老磁河南岸老河岸一带，涉及曲阳桥乡、南楼乡、新安镇 3 个乡镇，面积 1417.93 亩，占潮褐土亚类的 0.41%；土壤肥力极低。

3. 沙壤质潮褐土

该土种主要分布在老磁河两岸及古河道中已开垦改造部分，涉及曲阳桥乡、南楼乡、新安镇、西平乐乡、南牛乡、新城铺镇 6 个乡镇，另外在三里屯、朱河也有零星分布，面积 19856.88 亩，占潮褐土亚类面积的 5.71%；耕层浅薄，不足 20cm，有效养分低。

4. 浅位厚层沙轻壤质潮褐土

该土种主要分布在老磁河两岸的南楼乡、新安镇、西平乐乡、新城铺 4 个乡镇，三里屯、朱河、西柏棠一带也有零星分布，面积 10414.12 亩，占潮褐土亚类面积的 2.99%；表土轻壤，但质地较轻；耕层浅薄，漏水漏肥，表土养分较低。

5. 深位厚层沙轻壤质潮褐土

该土种星罗棋布地分布于南楼乡、新安镇、西平乐乡、新城铺镇 4 个乡镇，另外在韩楼、曲阳桥、北早现、永安、西柏棠、三里屯、朱河、曹村、南牛也有零星分布，面积 29665.57 亩，占潮褐土亚类面积的 8.53%；表土轻壤，土层较厚，距地表 50cm 以下出现厚沙层，仍属漏水漏肥土壤。

6. 轻壤质潮褐土

该土种分布于南楼乡、新安镇、西平乐乡、南牛乡、新城铺镇、曲阳桥乡、北早现乡、正定镇、诸福屯镇 9 个乡镇，面积 242397.22 亩，占潮褐土亚类面积 69.76%，占土地资源总面积的 28.07%；该土种土层较厚，表土轻壤，表土以下多属均质轻壤，或有中壤、沙壤存在；比较保水保肥，耕性较好，肥力适中。

7. 深位厚层黏轻壤质潮褐土

该土种分布在新城铺和南牛乡两个乡镇，面积461.40亩，仅占潮褐土亚类面积的0.13%；表土轻壤，距地表50cm以下全部为黏质土壤；表土耕性良好，下部托水托肥。

8. 中壤质潮褐土

该土种面积很小，仅在正定镇东关村东北，面积72.74亩，占潮褐土亚类面积的0.02%；该土除19~42cm为轻壤外，其余全部中壤，保水保肥，土壤养分含量较高。

（三）褐土性土

褐土性土主要分布在老磁河沿岸的沙岗、沙丘上，由于地形部位显著提高，土壤质地较粗，但年龄较短，发育层次不明显，没有明显的诊断层和诊断特征。褐土性土亚类面积很小，全部分布在老磁河故道以内及其南岸，总面积为6236.8亩，占褐土类面积的0.89%。该亚类仅包括沙质褐土性土1个土种。沙质褐土性土全部是老磁河古道中的细沙和粉沙通过风力搬运堆积而形成的。剖面通体沙质，没有假菌丝体和锈效锈斑等新生体，且层次不明显，属年轻土壤。

（四）潮土

潮土主要分布在滹沱河滩，是潮土中的代表亚类，也是正定县潮土类中最大的亚类，面积101400.38亩，占潮土类面积的63.76%。其中包括5个土种。

1. 沙质潮土

该土种全部分布在滹沱河沿流水线两边的沙滩上，面积共为59633.14亩，占潮土亚类面积的58.81%；涉及曲阳桥乡、北早现乡、正定镇、诸福屯镇4个乡镇；该土通体沙质，未经开垦耕种，表土养分极低。

2. 沙壤质潮土

该土种主要分布在滹沱河滩及沿岸，涉及韩家楼、曲阳桥、南岗、西柏棠、正定镇、三里屯、朱河、诸福屯、西兆通、南村10个乡镇，面积20546.15亩，占潮土亚类面积的20.26%；土体构型有通体沙壤、表层沙壤，其中有夹轻壤出现；表土养分低。

3. 浅位厚层沙轻壤质潮土

该土种分布在滹沱河滩，面积11239.12亩，占潮土亚类面积11.08%；涉及曲阳桥乡、北早现乡、正定镇、诸福屯镇4个乡镇；表土轻壤，但耕层浅薄，表土以下50cm以内出现厚层沙，漏水漏肥，肥力较低。

4. 深位厚层沙轻壤质潮土

该土种表土轻壤，土层较厚，但在表土50cm以下出现厚层沙，仍属漏水漏肥的低产土壤；主要分布在滹沱河滩距流水线较远的地方；涉及曲阳桥乡、北早现乡、正定镇3个乡镇；面积6670.04亩，占潮土亚类面积的6.58%。

5. 轻壤质潮土

该土种分布在滹沱河滩远离流水的地方和正定镇城内，面积3311.73亩，占潮土亚类面积的3.27%；该土种自地表到以下100cm内大多是轻壤，个别有夹沙壤、中壤情况出现，土壤养分含量较高。

（五）褐潮土

褐潮土是潮土类中的第二亚类，主要分布在滹沱河北岸的低平地带，西起曲阳桥乡的东汉村和西汉村，经曲阳桥、北早现乡、正定镇到诸福屯，共 4 个乡镇，面积 57098.98 亩，占潮土类面积的 35.91%。其中包括 3 个土种。

1. 浅位厚层沙轻壤质褐潮土

浅位厚层沙轻壤质褐潮土面积很小，在兆通一带北滹沱河南岸，面积仅 46.46 亩，占褐潮土亚类面积的 0.08%；表土轻壤，距地表 50cm 以内出现厚层沙，漏水漏肥。

2. 深位厚层沙轻壤质褐潮土

深位厚层沙轻壤质褐潮土分布在滹沱河北岸及中间凸出地区，涉及曲阳桥乡、正定镇、诸福屯镇 3 个乡镇的小片土地，面积 5096.19 亩，仅占褐潮土亚类面积 8.93%；表土轻壤，距地表 50cm 以下出现厚层沙，漏水漏肥。

3. 轻壤质褐潮土

轻壤质褐潮土分布在滹沱河北岸低平地带，涉及曲阳桥乡、北早现乡、正定镇、诸福屯镇 4 个乡镇的南半部和滹沱河南岸西兆通一带，面积 51956.33 亩，是褐潮土亚类的第一大土种，占该亚类面积的 90.99%；土体构型大部分是通体轻壤，很少有夹黏或夹沙带出现；土质较肥沃。

（六）湿潮土

湿潮土分布在正定镇城墙内外，仅包括轻壤质轻度湿潮土 1 个土种；轻壤质轻度湿潮土所处地势低洼，雨季有临时滞水，旱季落干；土体构型是通体轻壤，其土质肥沃。

（七）潜育型水稻土

潜育型水稻土分布在滹沱河北岸的低平地带周汉河上游两岸，涉及曲阳桥、北早现两个乡镇，面积 6615.23 亩，占土地资源总面积 0.77%；其中包括轻壤质潜育型水稻土和中壤质潜育型水稻土两个土种。轻壤质潜育型水稻土分布在曲阳桥乡，面积 3053.24 亩，占水稻土类面积的 46.15%。由于历史上多年种植水稻，土质肥沃，土体构型通体轻壤，保水保肥，适合于稻麦轮作。中壤质潜育型水稻土分布在曲阳桥、北早现两个乡镇，面积 3561.99 亩，占水稻土面积的 53.85%；土体构型是通体中壤，土质肥沃。

第二节　有机质

土壤有机质包括动、植物死亡以后遗留在土壤里的残体、施入的有机肥料以及经过微生物作用所形成的腐殖质，是衡量土壤肥力的重要指标之一，它是土壤的重要组成部分；它不仅是植物营养的重要来源，也是微生物生活和活动的能源；它与土壤的发生演变、肥力水平和许多属性都有密切的关系，而且对于土壤结构的形成、熟化，改善土壤物理性质，调节水肥气热状况也起着重要作用。

一、耕层土壤有机质含量及分布特点

本次耕地地力调查共化验分析耕层土壤样本 2000 个，应用克里金空间插值技术并对其进行空间分析得知，全县耕层土壤有机质含量平均为 20.24g/kg，变化幅度为 10.53～28.00g/kg。

（一）耕层土壤有机质含量的行政区域分布特点

利用行政区划图对土壤有机质含量栅格数据进行区域统计发现，土壤有机质含量平均值达到 21.00g/kg 的乡镇有正定镇、诸福屯镇、北早现乡，面积为 147495 亩，占全县总耕地面积的 33.1%，其中正定镇 1 个乡镇平均含量超过了 22.00g/kg，面积为 71145 亩，占全县总耕地面积的 16.0%。平均值小于 21.00g/kg 的乡镇有新城铺镇、新安镇、曲阳桥乡、西平乐乡、南楼乡、南牛乡，面积为 298380 亩，占全县总耕地面积的 66.9%，其中南楼乡、南牛乡 2 个乡镇平均含量低于 19.00g/kg，面积合计为 136065 亩，占全县总耕地面积的 30.5%。具体的分析结果见表 4-1。

表 4-1　不同行政区域耕层土壤有机质含量的分布特点

乡镇	面积/亩	占总耕地（%）	最小值/（g/kg）	最大值/（g/kg）	平均值/（g/kg）
正定镇	71145.0	16.0	13.17	27.71	22.25
诸福屯镇	35130.0	7.9	10.53	27.45	21.40
北早现乡	41220.0	9.2	16.16	26.18	21.04
新城铺镇	34215.0	7.7	16.87	27.50	20.81
新安镇	40335.0	9.1	12.27	25.35	19.81
曲阳桥乡	60825.0	13.6	15.32	26.85	19.45
西平乐乡	26940.0	6.0	12.34	27.20	19.12
南楼乡	95940.0	21.5	12.76	23.20	18.65
南牛乡	40125.0	9.0	11.84	28.00	18.49

（二）耕层土壤有机质含量与土壤质地的关系

利用土壤质地图对土壤有机质含量栅格数据进行区域统计发现，土壤有机质含量最高的质地是中壤质，平均含量达到了 21.56g/kg，变化幅度为 16.49～24.81g/kg；而最低的质地为沙壤质，平均含量为 19.98g/kg，变化幅度为 11.84～28.00g/kg。各质地有机质含量平均值由大到小的排列顺序为：中壤质、沙质、轻壤质、沙壤质。具体的分析结果见表 4-2。

表4-2 不同土壤质地与耕层土壤有机质含量的分布特点　　　单位：g/kg

土壤质地	最小值	最大值	平均值
中壤质	16.49	24.81	21.56
沙质	13.36	26.21	20.61
轻壤质	10.53	27.50	20.37
沙壤质	11.84	28.00	19.98

（三）耕层土壤有机质含量与土壤分类的关系

1. 耕层土壤有机质含量与土类的关系

在3个土类中，土壤有机质含量最高的土类是潮土，平均含量达到了21.04g/kg，变化幅度为15.65～26.85g/kg；而最低的土类为水稻土，平均含量为19.57g/kg，变化幅度为15.32～24.81g/kg。各土类有机质含量平均值由大到小的排列顺序为：潮土、褐土、水稻土（见表4-3）。

表4-3 不同土类耕层土壤有机质含量的分布特点　　　单位：g/kg

土壤类型	最小值	最大值	平均值
潮土	15.65	26.85	21.04
褐土	10.53	28.00	20.06
水稻土	15.32	24.81	19.57

2. 耕层土壤有机质含量与亚类的关系

在7个亚类中，土壤有机质含量最高的亚类是潮土—湿潮土，平均含量达到了23.66g/kg，变化幅度为23.28～25.03g/kg；而最低的亚类为水稻土—潜育型，平均含量为19.57g/kg，变化幅度为15.32～24.81g/kg。各亚类有机质含量平均值由大到小的排列顺序为：潮土—湿潮土、潮土—褐潮土、潮土—潮土、褐土—潮褐土、褐土—石灰性褐土、褐土—褐土性土、水稻土—潜育型（见表4-4）。

表4-4 不同亚类耕层土壤有机质含量的分布特点　　　单位：g/kg

土类	亚类	最小值	最大值	平均值
潮土	湿潮土	23.28	25.03	23.66
潮土	褐潮土	15.65	26.85	21.48
潮土	潮土	16.16	25.02	20.40
褐土	潮褐土	10.53	27.50	20.11
褐土	石灰性褐土	11.84	28.00	20.01
褐土	褐土性土	13.36	26.21	19.79
水稻土	潜育型	15.32	24.81	19.57

3. 耕层土壤有机质含量与土属的关系

在 9 个土属中，土壤有机质含量最高的土属是潮土—湿潮土—壤质，平均含量达到了 23.66g/kg，变化幅度为 23.28～25.03g/kg；而最低的土属为水稻土—潜育型—壤质，平均含量为 19.57g/kg，变化幅度为 15.32～24.81g/kg。各土属有机质含量平均值由大到小的排列顺序为：潮土—湿潮土—壤质、潮土—褐潮土—壤质、潮土—潮土—壤质、褐土—潮褐土—沙质、褐土—潮褐土—壤质、褐土—石灰性褐土—壤质、褐土—褐土性土—沙质、潮土—潮土—沙质、水稻土—潜育型—壤质（见表 4 - 5）。

表 4 - 5　不同土属耕层土壤有机质含量的分布特点　　单位：g/kg

土类	亚类	土属	最小值	最大值	平均值
潮土	湿潮土	壤质	23.28	25.03	23.66
潮土	褐潮土	壤质	15.65	26.85	21.48
潮土	潮土	壤质	16.17	25.02	20.87
褐土	潮褐土	沙质	13.14	24.47	20.18
褐土	潮褐土	壤质	10.53	27.50	20.10
褐土	石灰性褐土	壤质	11.84	28.00	20.01
褐土	褐土性土	沙质	13.36	26.21	19.80
潮土	潮土	沙质	16.16	23.60	19.72
水稻土	潜育型	壤质	15.32	24.81	19.57

4. 耕层土壤有机质含量与土种的关系

在 22 个土种中，土壤有机质含量最高的土种是潮土—潮土—壤质—轻壤质潮土，平均含量达到了 23.74g/kg，变化幅度为 22.34～25.01g/kg；而最低的土种为褐土—潮褐土—沙质—深位厚层轻壤沙质潮褐土，平均含量为 16.13g/kg，变化幅度为 13.14～20.16g/kg。详细分析结果见表 4 - 6。

表 4 - 6　不同土种耕层土壤有机质含量的分布特点　　单位：g/kg

土类	亚类	土属	土种	最小值	最大值	平均值
潮土	潮土	壤质	轻壤质潮土	22.34	25.01	23.74
潮土	湿潮土	壤质	轻壤质轻度湿潮土	23.28	25.03	23.66
潮土	潮土	壤质	浅位厚层沙轻壤质潮土	16.17	24.50	21.71
水稻土	潜育型	壤质	中壤质潜育型水稻土	16.49	24.81	21.56
潮土	褐潮土	壤质	轻壤质褐潮土	15.65	26.85	21.49
褐土	潮褐土	沙质	沙质潮褐土	14.68	24.47	21.30
潮土	潮土	壤质	沙壤质潮土	16.81	25.02	21.10

续表

土类	亚类	土属	土种	最小值	最大值	平均值
褐土	石灰性褐土	壤质	浅位厚层沙轻壤质石灰性褐土	16.72	24.88	20.88
潮土	褐潮土	壤质	深位厚层沙轻壤质褐潮土	17.06	23.22	20.36
褐土	潮褐土	壤质	轻壤质潮褐土	10.53	27.50	20.25
褐土	潮褐土	壤质	深位厚层沙轻壤质潮褐土	15.10	26.97	20.17
褐土	石灰性褐土	壤质	沙壤质石灰性褐土	11.84	28.00	20.04
褐土	石灰性褐土	壤质	深位厚层沙轻壤质石灰性褐土	14.70	26.87	19.96
褐土	褐土性土	沙质	沙质褐土性土	13.36	26.21	19.80
潮土	潮土	沙质	沙质潮土	16.16	23.60	19.72
潮土	潮土	壤质	深位厚层沙轻壤质潮土	16.79	22.99	19.50
褐土	潮褐土	壤质	浅位厚层沙轻壤质潮褐土	14.98	26.95	19.29
褐土	石灰性褐土	壤质	轻壤质石灰性褐土	13.98	23.44	19.05
褐土	潮褐土	壤质	深位厚层黏轻壤质潮褐土	18.34	20.17	19.05
褐土	潮褐土	壤质	沙壤质潮褐土	13.34	25.84	18.97
水稻土	潜育型	壤质	轻壤质潜育型水稻土	15.32	20.97	17.36
褐土	潮褐土	沙质	深位厚层轻壤沙质潮褐土	13.14	20.16	16.13

二、耕层土壤有机质含量分级及特点

全县耕地土壤有机质含量处于3~4级，其中最多的为3级，面积365509.5亩，占总耕地面积的82.0%。没有1级、2级、5级、6级。3级主要分布在南楼乡、曲阳桥乡、正定镇，4级主要分布在南牛乡、正定镇、新城铺镇（见表4-7）。

表4-7 耕地耕层有机质含量分级及面积

级别	1	2	3	4	5	6
范围/（g/kg）	>40	30~40	20~30	10~20	6~10	≤6
耕地面积/亩	0	0	365509.5	80347.5	0	0
占总耕地（%）	0	0	82	18	0	0

（一）耕地耕层有机质含量3级地行政区域分布特点

3级地面积为365509.5亩，占总耕地面积的82.0%。3级地主要分布在南楼乡，面积为92724.9亩，占本级耕地面积的25.37%；曲阳桥乡面积为60588.6亩，占本级耕地面积的16.6%；正定镇面积为59995.0亩，占本级耕地面积的16.58%。详细分析结果见表4-8。

表4-8 耕地耕层有机质含量3级地行政区域分布

乡镇	面积/亩	占本级面积（%）
南楼乡	92724.9	25.37
曲阳桥乡	60588.6	16.58
正定镇	59995.0	16.41
新安镇	34857.6	9.54
北早现乡	31831.4	8.71
诸福屯镇	29023.5	7.94
新城铺镇	23627.0	6.46
西平乐乡	22061.1	6.04
南牛乡	10800.2	2.95

（二）耕地耕层有机质含量4级地行政区域分布特点

4级地面积为480347.5亩，占总耕地面积的18.0%。4级地主要分布在南牛乡，面积为29324.9亩，占本级耕地面积的36.50%；正定镇面积为11150.0亩，占本级耕地面积的13.88%；新城铺镇面积为10587.8亩，占本级耕地面积的13.18%。详细分析结果见表4-9。

表4-9 耕地耕层有机质含量4级地行政区域分布

乡镇	面积/亩	占本级面积（%）
南牛乡	29324.9	36.50
正定镇	11150.0	13.88
新城铺镇	10587.8	13.18
北早现乡	9388.7	11.68
诸福屯镇	6106.5	7.60
新安镇	5477.4	6.82
西平乐乡	4879.1	6.07
南楼乡	3196.7	3.98
曲阳桥乡	236.4	0.29

第三节 全氮

一、耕层土壤全氮含量及分布特点

本次耕地地力调查共化验分析耕层土壤样本2000个，应用克里金空间插值技术并对其进行空间分析得知，全县耕层土壤全氮含量平均为 1.10g/kg，变化幅度为 0.65 ~ 1.62g/kg。

（一）耕层土壤全氮含量的行政区域分布特点

利用行政区划图对土壤全氮含量栅格数据进行区域统计发现，土壤全氮含量平均值达到 1.15g/kg 的乡镇有新城铺镇、诸福屯镇、曲阳桥乡，面积为 130170 亩，占全县总耕地面积的 29.2%，其中新城铺镇 1 个乡镇平均含量超过了 1.20g/kg，面积为 34215 亩，占全县总耕地面积的 7.7%。平均值小于 1.15g/kg 的乡镇有正定镇、南牛乡、北早现乡、新安镇、南楼乡、西平乐乡，面积为 315705 亩，占全县总耕地面积的 70.8%，其中北早现乡、新安镇、南楼乡、西平乐乡 4 个乡镇平均含量低于 1.10g/kg，面积合计为 204435 亩，占全县总耕地面积的 45.9%。具体的分析结果见表 4 - 10。

表 4 - 10　不同行政区域耕层土壤全氮含量的分布特点

乡镇	面积/亩	占总耕地（%）	最小值/（g/kg）	最大值/（g/kg）	平均值/（g/kg）
新城铺镇	34215.0	7.7	0.88	1.62	1.22
诸福屯镇	35130.0	7.9	1.04	1.31	1.19
曲阳桥乡	60825.0	13.6	0.71	1.33	1.17
正定镇	71145.0	16.0	0.74	1.44	1.14
南牛乡	40125.0	9.1	0.88	1.41	1.12
北早现乡	41220.0	9.2	0.71	1.33	1.06
新安镇	40335.0	9.1	0.65	1.47	1.03
南楼乡	95940.0	21.5	0.66	1.22	1.01
西平乐乡	26940.0	6.0	0.66	1.35	1.00

（二）耕层土壤全氮含量与土壤质地的关系

利用土壤质地图对土壤全氮含量栅格数据进行区域统计发现，土壤全氮含量最高的质地是中壤质，平均含量达到了 1.25g/kg，变化幅度为 1.19 ~ 1.29g/kg；而最低的质地为沙质，平均含量为 1.02g/kg，变化幅度为 0.70 ~ 1.55g/kg。各质地全氮含量平均值由大到小的排列顺序为：中壤质、轻壤质、沙壤质、沙质。具体的分析结果见表 4 - 11。

表 4 - 11　不同土壤质地与耕层土壤全氮含量的分布特点　　　　　　单位：g/kg

土壤质地	最小值	最大值	平均值
中壤质	1.19	1.29	1.25
轻壤质	0.65	1.59	1.11
沙壤质	0.66	1.62	1.10
沙质	0.70	1.55	1.02

（三）耕层土壤全氮含量与土壤分类的关系

1. 耕层土壤全氮含量与土类的关系

在 3 个土类中，土壤全氮含量最高的土类是水稻土，平均含量达到了 1.22g/kg，变化幅度为 1.13～1.29g/kg；而最低的土类为潮土，平均含量为 1.08g/kg，变化幅度为 0.71～1.35g/kg。各土类全氮含量平均值由大到小的排列顺序为：水稻土、褐土、潮土（见表 4-12）。

表 4-12　不同土类耕层土壤全氮含量的分布特点　　　　单位：g/kg

土壤类型	最小值	最大值	平均值
水稻土	1.13	1.29	1.22
褐土	0.65	1.62	1.11
潮土	0.71	1.35	1.08

2. 耕层土壤全氮含量与亚类的关系

在 7 个亚类中，土壤全氮含量最高的亚类是潮土—湿潮土，平均含量达到了 1.23g/kg，变化幅度为 1.21～1.28g/kg；而最低的亚类为潮土—潮土，平均含量为 0.97g/kg，变化幅度为 0.71～1.28g/kg。各亚类全氮含量平均值由大到小的排列顺序为：潮土—湿潮土、水稻土—潜育型、潮土—褐潮土、褐土—石灰性褐土、褐土—潮褐土、褐土—褐土性土、潮土—潮土（见表 4-13）。

表 4-13　不同亚类耕层土壤全氮含量的分布特点　　　　单位：g/kg

土类	亚类	最小值	最大值	平均值
潮土	湿潮土	1.21	1.28	1.23
水稻土	潜育型	1.13	1.29	1.22
潮土	褐潮土	0.79	1.35	1.15
褐土	石灰性褐土	0.66	1.44	1.11
褐土	潮褐土	0.65	1.62	1.10
褐土	褐土性土	0.70	1.55	1.07
潮土	潮土	0.71	1.28	0.97

3. 耕层土壤全氮含量与土属的关系

在 9 个土属中，土壤全氮含量最高的土属是潮土—湿潮土—壤质，平均含量达到了 1.23g/kg，变化幅度为 1.21～1.28g/kg；而最低的土属为潮土—潮土—壤质，平均含量为 0.96g/kg，变化幅度为 0.71～1.28g/kg。各土属全氮含量平均值由大到小的排列顺序为：潮土—湿潮土—壤质、水稻土—潜育型—壤质、潮土—褐潮土—壤质、褐土—石灰性褐土—壤质、褐土—潮褐土—壤质、褐土—褐土性土—沙质、褐土—潮褐土—沙质、潮土—潮土—沙质、潮土—潮土—壤质（见表 4-14）。

表 4-14　不同土属耕层土壤全氮含量的分布特点　　　　　单位：g/kg

土类	亚类	土属	最小值	最大值	平均值
潮土	湿潮土	壤质	1.21	1.28	1.23
水稻土	潜育型	壤质	1.13	1.29	1.22
潮土	褐潮土	壤质	0.79	1.35	1.15
褐土	石灰性褐土	壤质	0.66	1.44	1.11
褐土	潮褐土	壤质	0.65	1.62	1.10
褐土	褐土性土	沙质	0.70	1.55	1.07
褐土	潮褐土	沙质	0.65	1.33	1.06
潮土	潮土	沙质	0.74	1.23	1.00
潮土	潮土	壤质	0.71	1.28	0.96

4. 耕层土壤全氮含量与土种的关系

在 22 个土种中，土壤全氮含量最高的土种是水稻土—潜育型—壤质—中壤质潜育型水稻土，平均含量达到了 1.25g/kg，变化幅度为 1.19～1.29g/kg；而最低的土种为潮土—潮土—壤质—深位厚层沙轻壤质潮土，平均含量为 0.80g/kg，变化幅度为 0.71～1.17g/kg。详细分析结果见表 4-15。

表 4-15　不同土种耕层土壤全氮含量的分布特点　　　　　单位：g/kg

土类	亚类	土属	土种	最小值	最大值	平均值
水稻土	潜育型	壤质	中壤质潜育型水稻土	1.19	1.29	1.25
潮土	湿潮土	壤质	轻壤质轻度湿潮土	1.21	1.28	1.23
潮土	潮土	壤质	轻壤质潮土	1.18	1.28	1.21
水稻土	潜育型	壤质	轻壤质潜育型水稻土	1.13	1.24	1.19
潮土	褐潮土	壤质	深位厚层沙轻壤质褐潮土	1.13	1.21	1.18
潮土	褐潮土	壤质	轻壤质褐潮土	0.79	1.35	1.15
褐土	石灰性褐土	壤质	浅位厚层沙轻壤质石灰性褐土	0.94	1.36	1.13
褐土	潮褐土	壤质	深位厚层黏轻壤质潮褐土	1.03	1.30	1.13
褐土	石灰性褐土	壤质	沙壤质石灰性褐土	0.66	1.44	1.12
褐土	潮褐土	沙质	沙质潮褐土	0.70	1.33	1.12
褐土	潮褐土	壤质	轻壤质潮褐土	0.65	1.59	1.11
褐土	潮褐土	壤质	深位厚层沙轻壤质潮褐土	0.70	1.61	1.11
褐土	石灰性褐土	壤质	深位厚层沙轻壤质石灰性褐土	0.89	1.42	1.09
潮土	潮土	壤质	浅位厚层沙轻壤质潮土	0.74	1.26	1.08

续表

土类	亚类	土属	土种	最小值	最大值	平均值
褐土	褐土性土	沙质	沙质褐土性土	0.70	1.55	1.07
褐土	潮褐土	壤质	浅位厚层沙轻壤质潮褐土	0.71	1.62	1.06
褐土	石灰性褐土	壤质	轻壤质石灰性褐土	0.88	1.37	1.02
褐土	潮褐土	壤质	沙壤质潮褐土	0.67	1.42	1.02
潮土	潮土	沙质	沙质潮土	0.74	1.23	1.00
潮土	潮土	壤质	沙壤质潮土	0.71	1.25	0.98
褐土	潮褐土	沙质	深位厚层轻壤沙质潮褐土	0.65	1.03	0.86
潮土	潮土	壤质	深位厚层沙轻壤质潮土	0.71	1.17	0.80

二、耕层土壤全氮含量分级及特点

全县耕地土壤全氮含量处于 2~5 级，其中最多的为 3 级，面积 360170.5 亩，占总耕地面积的 80.8%；最少的为 2 级，面积 1164.0 亩，占总耕地面积的 0.3%。没有 1 级和 6 级。2 级全部分布在新城铺镇。3 级主要分布在正定镇、曲阳桥乡、南楼乡。4 级主要分布在南楼乡、新安镇、西平乐乡。5 级主要分布在正定镇、新安镇（见表 4-16）。

表 4-16　耕地耕层全氮含量分级及面积

级别	1	2	3	4	5	6
范围/（g/kg）	>2.0	2.0~1.5	1.5~1.0	1.0~0.75	0.75~0.5	≤0.50
耕地面积/亩	0	1164.0	360170.5	66040.7	18499.8	0
占总耕地（%）	0	0.3	80.8	14.8	4.1	0

（一）耕地耕层全氮含量 2 级地行政区域分布特点

2 级地面积为 1164.0 亩，占总耕地面积的 0.3%。2 级地全部分布在新城铺镇。

（二）耕地耕层全氮含量 3 级地行政区域分布特点

3 级地面积为 360170.5 亩，占总耕地面积的 80.8%。3 级地主要分布在正定镇，面积为 65458.5 亩，占本级耕地面积的 18.17%；曲阳桥乡面积为 60641.6 亩，占本级耕地面积的 16.84%；南楼乡面积为 53626.7 亩，占本级耕地面积的 14.89%。详细分析结果见表 4-17。

表 4-17　耕地耕层全氮含量 3 级地行政区域分布

乡镇	面积/亩	占本级面积（%）
正定镇	65458.5	18.17
曲阳桥乡	60641.6	16.84

续表

乡镇	面积/亩	占本级面积（%）
南楼乡	53626.7	14.89
北早现乡	35923.5	9.97
南牛乡	35684.3	9.91
诸福屯镇	35130.0	9.75
新城铺镇	31313.9	8.70
新安镇	25029.0	6.95
西平乐乡	17363.0	4.82

（三）耕地耕层全氮含量4级地行政区域分布特点

4级地面积为66040.7亩，占总耕地面积的14.8%。4级地主要分布在南楼乡，面积为40721.7亩，占本级耕地面积的61.66%；新安镇面积为10106.1亩，占本级耕地面积的15.30%；西平乐乡面积为6208.4亩，占本级耕地面积的9.40%。详细分析结果见表4-18。

表4-18 耕地耕层全氮含量4级地行政区域分布

乡镇	面积/亩	占本级面积（%）
南楼乡	40721.7	61.66
新安镇	10106.1	15.30
西平乐乡	6208.4	9.40
南牛乡	4440.8	6.73
北早现乡	2786.4	4.22
新城铺镇	1736.6	2.63
正定镇	40.7	0.06

（四）耕地耕层全氮含量5级地行政区域分布特点

5级地面积为18499.8亩，占总耕地面积的4.1%。正定镇面积为5645.9亩，占本级耕地面积的30.52%；新安镇面积为5199.9亩，占本级耕地面积的28.11%；西平乐乡面积为3368.4亩，占本级耕地面积的18.21%。详细分析结果见表4-19。

表4-19 耕地耕层全氮含量5级地行政区域分布

乡镇	面积/亩	占本级面积（%）
正定镇	5645.9	30.52
新安镇	5199.9	28.11

乡镇	面积/亩	占本级面积（%）
西平乐乡	3368.4	18.21
北早现乡	2510.3	13.57
南楼乡	1591.8	8.60
曲阳桥乡	183.5	0.99

第四节　有效磷

一、耕层土壤有效磷含量及分布特点

本次耕地地力调查共化验分析耕层土壤样本 2000 个，应用克里金空间插值技术并对其进行空间分析得知，全县耕层土壤有效磷含量平均为 33.80mg/kg，变化幅度为 9.29～194.55mg/kg。

（一）耕层土壤有效磷含量的行政区域分布特点

利用行政区划图对土壤有效磷含量栅格数据进行区域统计发现，土壤有效磷含量平均值达到 32.00mg/kg 的乡镇有诸福屯镇、南楼乡、西平乐乡，面积为 158010 亩，占全县总耕地面积的 35.4%，其中诸福屯镇 1 个乡镇平均含量超过了 35.00mg/kg，面积为 35130 亩，占全县总耕地面积的 7.9%。平均值小于 32.00mg/kg 的乡镇有新安镇、新城铺镇、南牛乡、曲阳桥乡、正定镇、北早现乡，面积为 287850 亩，占全县总耕地面积的 64.6%，其中正定镇、北早现乡 2 个乡镇平均含量低于 27.00mg/kg，面积合计为 112365 亩，占全县总耕地面积的 25.2%。具体的分析结果见表 4-20。

表 4-20　不同行政区域耕层土壤有效磷含量的分布特点

乡镇	面积/亩	占总耕地（%）	最小值/（mg/kg）	最大值/（mg/kg）	平均值/（mg/kg）
诸福屯镇	35130.0	7.9	15.44	194.55	84.04
南楼乡	95940.0	21.5	12.81	60.97	34.99
西平乐乡	26940.0	6.0	13.09	76.96	34.53
新安镇	40335.0	9.1	10.84	65.53	31.94
新城铺镇	34215.0	7.7	9.36	62.01	31.55
南牛乡	40125.0	9.0	15.14	65.87	28.49
曲阳桥乡	60825.0	13.6	9.29	73.62	27.92
正定镇	71145.0	16.0	11.25	72.22	26.46
北早现乡	41220.0	9.2	9.90	61.72	25.61

（二）耕层土壤有效磷含量与土壤质地的关系

利用土壤质地图对土壤有效磷含量栅格数据进行区域统计发现，土壤有效磷含量最高的质地是轻壤质，平均含量达到了 34.89mg/kg，变化幅度为 9.36～192.07mg/kg；而最低的质地为沙质，平均含量为 28.07mg/kg，变化幅度为 13.52～54.18mg/kg。各质地有效磷含量平均值由大到小的排列顺序为：轻壤质、中壤质、沙壤质、沙质。具体的分析结果见表 4-21。

表 4-21　同土壤质地与耕层土壤有效磷含量的分布特点　　　　单位：mg/kg

土壤质地	最小值	最大值	平均值
轻壤质	9.36	192.07	34.89
中壤质	16.29	59.11	34.42
沙壤质	9.29	194.55	33.75
沙质	13.52	54.18	28.07

（三）耕层土壤有效磷含量与土壤分类的关系

1. 耕层土壤有效磷含量与土类的关系

在 3 个土类中，土壤有效磷含量最高的土类是褐土，平均含量达到了 35.26mg/kg，变化幅度为 9.29～194.55mg/kg；而最低的土类为潮土，平均含量为 27.20mg/kg，变化幅度为 13.34～118.58mg/kg。各土类有效磷含量平均值由大到小的排列顺序为：褐土、水稻土、潮土（见表 4-22）。

表 4-22　不同土类耕层土壤有效磷含量的分布特点　　　　单位：mg/kg

土壤类型	最小值	最大值	平均值
褐土	9.29	194.55	35.26
水稻土	10.57	59.11	28.92
潮土	13.34	118.58	27.20

2. 耕层土壤有效磷含量与亚类的关系

在 7 个亚类中，土壤有效磷含量最高的亚类是褐土—潮褐土，平均含量达到了 36.77mg/kg，变化幅度为 9.36～192.07mg/kg；而最低的亚类为潮土—潮土，平均含量为 25.42mg/kg，变化幅度为 14.63～108.43mg/kg。各亚类有效磷含量平均值由大到小的排列顺序为：褐土—潮褐土、褐土—石灰性褐土、潮土—湿潮土、水稻土—潜育型、褐土—褐土性土、潮土—褐潮土、潮土—潮土（见表 4-23）。

表 4-23　不同亚类耕层土壤有效磷含量的分布特点　　　　单位：mg/kg

土类	亚类	最小值	最大值	平均值
褐土	潮褐土	9.36	192.07	36.77
褐土	石灰性褐土	9.29	194.55	33.60
潮土	湿潮土	18.69	43.36	32.12

续表

土类	亚类	最小值	最大值	平均值
水稻土	潜育型	10.57	59.11	28.92
褐土	褐土性土	13.52	51.16	28.77
潮土	褐潮土	13.34	118.58	28.46
潮土	潮土	14.63	108.43	25.42

3. 耕层土壤有效磷含量与土属的关系

在 9 个土属中，土壤有效磷含量最高的土属是褐土—潮褐土—壤质，平均含量达到了 36.96mg/kg，变化幅度为 9.36~192.07mg/kg；而最低的土属为潮土—潮土—沙质，平均含量为 23.97mg/kg，变化幅度为 14.63~44.26mg/kg。各土属有效磷含量平均值由大到小的排列顺序为：褐土—潮褐土—壤质、褐土—石灰性褐土—壤质、潮土—湿潮土—壤质、水稻土—潜育型—壤质、褐土—褐土性土—沙质、潮土—褐潮土—壤质、褐土—潮褐土—沙质、潮土—潮土—壤质、潮土—潮土—沙质（见表 4-24）。

表 4-24 不同土属耕层土壤有效磷含量的分布特点 单位：mg/kg

土类	亚类	土属	最小值	最大值	平均值
褐土	潮褐土	壤质	9.36	192.07	36.96
褐土	石灰性褐土	壤质	9.29	194.55	33.60
潮土	湿潮土	壤质	18.69	43.36	32.12
水稻土	潜育型	壤质	10.57	59.11	28.92
褐土	褐土性土	沙质	13.52	51.16	28.80
潮土	褐潮土	壤质	13.34	118.58	28.46
褐土	潮褐土	沙质	15.38	51.34	28.03
潮土	潮土	壤质	14.71	108.43	26.41
潮土	潮土	沙质	14.63	44.26	23.97

4. 耕层土壤有效磷含量与土种的关系

在 22 个土种中，土壤有效磷含量最高的土种是潮土—褐潮土—壤质—深位厚层沙轻壤质褐潮土，平均含量达到了 65.98mg/kg，变化幅度为 25.09~118.58mg/kg；而最低的土种为水稻土—潜育型—壤质—轻壤质潜育型水稻土，平均含量为 22.82mg/kg，变化幅度为 10.57~34.17mg/kg。详细分析结果见表 4-25。

表4－25　不同土种耕层土壤有效磷含量的分布特点　　　单位：mg/kg

土类	亚类	土属	土种	最小值	最大值	平均值
潮土	褐潮土	壤质	深位厚层沙轻壤质褐潮土	25.09	118.58	65.98
褐土	潮褐土	壤质	轻壤质潮褐土	9.36	192.07	37.67
褐土	潮褐土	壤质	深位厚层黏轻壤质潮褐土	22.89	51.29	37.43
褐土	潮褐土	壤质	沙壤质潮褐土	11.18	69.00	35.15
褐土	潮褐土	壤质	浅位厚层沙轻壤质潮褐土	11.88	56.07	34.49
水稻土	潜育型	壤质	中壤质潜育型水稻土	16.29	59.11	34.42
褐土	石灰性褐土	壤质	沙壤质石灰性褐土	9.29	194.55	33.99
褐土	石灰性褐土	壤质	浅位厚层沙轻壤质石灰性褐土	14.89	57.32	33.05
褐土	潮褐土	壤质	深位厚层沙轻壤质潮褐土	9.38	65.02	32.79
潮土	湿潮土	壤质	轻壤质轻度湿潮土	18.69	43.36	32.12
褐土	石灰性褐土	壤质	深位厚层沙轻壤质石灰性褐土	9.90	61.72	31.90
潮土	潮土	壤质	轻壤质潮土	27.57	39.84	31.79
褐土	石灰性褐土	壤质	轻壤质石灰性褐土	15.42	52.65	30.52
褐土	潮褐土	沙质	沙质潮褐土	16.28	51.34	28.82
褐土	褐土性土	沙质	沙质褐土性土	13.52	51.16	28.80
潮土	褐潮土	壤质	轻壤质褐潮土	13.34	73.62	28.11
潮土	潮土	壤质	沙壤质潮土	16.44	55.59	27.43
潮土	潮土	壤质	浅位厚层沙轻壤质潮土	14.71	108.43	26.03
褐土	潮褐土	沙质	深位厚层轻壤沙质潮褐土	15.38	42.20	25.15
潮土	潮土	壤质	深位厚层沙轻壤质潮土	16.30	26.96	24.56
潮土	潮土	沙质	沙质潮土	14.63	44.26	23.97
水稻土	潜育型	壤质	轻壤质潜育型水稻土	10.57	34.17	22.82

二、耕层土壤有效磷含量分级及特点

全县耕地土壤有效磷含量处于1~4级，其中最多的为2级，面积325963.5亩，占总耕地面积的73.1%；最少的为4级，面积118.5亩，小于总耕地面积的0.1%。没有5级和6级。1级主要分布在南楼乡、新城铺镇、新安镇。2级主要分布在南楼乡、正定镇、曲阳桥乡。3级主要分布在正定镇、北早现乡、曲阳桥乡。4级主要分布在曲阳桥乡（见表 4 – 26）。

表 4 – 26 耕地耕层有效磷含量分级及面积

级别	1	2	3	4	5	6
范围/（mg/kg）	>40	40～20	20～10	10～5	5～3	≤3
耕地面积/亩	66325.5	325963.5	53467.5	118.5	0	0
占总耕地（%）	14.9	73.1	12.0	<0.1	0	0

（一）耕地耕层有效磷含量 1 级地行政区域分布特点

1 级地面积为 66325.5 亩，占总耕地面积的 14.9%。1 级地主要分布在南楼乡，面积为 29250.6 亩，占本级耕地面积的 44.10%；新城铺镇面积为 8553.8 亩，占本级耕地面积的 12.90%；新安镇面积为 8420.7 亩，占本级耕地面积的 12.70%。详细分析结果见表 4 – 27。

表 4 – 27 耕地耕层有效磷含量 1 级地行政区域分布

乡镇	面积/亩	占本级面积（%）
南楼乡	29250.6	44.10
新城铺镇	8553.8	12.90
新安镇	8420.7	12.70
西平乐乡	7809.8	11.77
曲阳桥乡	5507.6	8.30
北早现乡	3262.8	4.92
南牛乡	2978.1	4.49
正定镇	465.3	0.70
诸福屯镇	76.5	0.12

（二）耕地耕层有效磷含量 2 级地行政区域分布特点

2 级地面积为 325963.5 亩，占总耕地面积的 73.1%。2 级地主要分布在南楼乡，面积为 62555.7 亩，占本级耕地面积的 19.19%；正定镇面积为 56271.8 亩，占本级耕地面积的 17.26%；曲阳桥乡面积为 47079.8 亩，占本级耕地面积的 14.44%。详细分析结果见表 4 – 28。

表 4 – 28 耕地耕层有效磷含量 2 级地行政区域分布

乡镇	面积/亩	占本级面积（%）
南楼乡	62555.7	19.19
正定镇	56271.8	17.26
曲阳桥乡	47079.8	14.44

乡镇	面积/亩	占本级面积（%）
诸福屯镇	34983.2	10.73
南牛乡	32780.7	10.06
新安镇	29357.6	9.00
北早现乡	28004.7	8.59
新城铺镇	19214.3	5.89
西平乐乡	15715.7	4.82

（三）耕地耕层有效磷含量3级地行政区域分布特点

3级地面积为53467.5亩，占总耕地面积的12.0%。3级地主要分布在正定镇，面积为14408.0亩，占本级耕地面积的26.95%；北早现乡面积为9952.2亩，占本级耕地面积的18.61%；曲阳桥乡面积为8119.8亩，占本级耕地面积的15.19%。详细分析结果见表4-29。

表4-29　耕地耕层有效磷含量3级地行政区域分布

乡镇	面积/亩	占本级面积（%）
正定镇	14408.0	26.95
北早现乡	9952.2	18.61
曲阳桥乡	8119.8	15.19
新城铺镇	6447.7	12.06
南牛乡	4366.2	8.17
南楼乡	4115.4	7.70
西平乐乡	3414.6	6.39
新安镇	2572.8	4.81
诸福屯镇	70.8	0.13

（四）耕地耕层有效磷含量4级地行政区域分布特点

4级地面积为118.5亩，不到总耕地面积的0.1%。曲阳桥乡面积为117亩，占本级耕地面积的99.7%；北早现乡面积为1.5亩，占本级耕地面积的0.3%。

第五节　速效钾

一、耕层土壤速效钾含量及分布特点

本次耕地地力调查共化验分析耕层土壤样本2000个，应用克里金空间插值技术并

对其进行空间分析得知，全县耕层土壤速效钾含量平均为 124.81mg/kg，变化幅度为
19.74～390.50mg/kg。

（一）耕层土壤速效钾含量的行政区域分布特点

利用行政区划图对土壤速效钾含量栅格数据进行区域统计发现，土壤速效钾含量平
均值达到 120.00mg/kg 的乡镇有北早现乡、正定镇、新安镇、南牛乡、曲阳桥乡，面
积为 253650.0 亩，占全县总耕地面积的 56.9%，其中北早现乡 1 个乡镇平均含量超过
了 150.00mg/kg，面积为 41220 亩，占全县总耕地面积的 9.2%。平均值小于
120.00mg/kg 的乡镇有诸福屯镇、南楼乡、新城铺镇、西平乐乡，面积为 192225 亩，
占全县总耕地面积的 43.1%，其中新城铺镇、西平乐乡 2 个乡镇平均含量低于
100.00mg/kg，面积合计为 61155 亩，占全县总耕地面积的 13.7%。具体的分析结果见
表 4 - 30。

表 4 - 30　不同行政区域耕层土壤速效钾含量的分布特点

乡镇	面积/亩	占总耕地（%）	最小值/（mg/kg）	最大值/（mg/kg）	平均值/（mg/kg）
北早现乡	41220	9.2	77.00	390.50	169.39
正定镇	71145	16.0	75.26	220.50	143.88
新安镇	40335	9.1	73.00	220.00	132.36
南牛乡	40125	9.0	78.76	204.50	128.73
曲阳桥乡	60825	13.6	63.50	389.50	122.65
诸福屯镇	35130	7.9	19.74	204.50	104.60
南楼乡	95940	21.5	59.50	330.00	103.94
新城铺镇	34215	7.7	65.00	170.00	99.10
西平乐乡	26940	6.0	69.50	130.00	96.09

（二）耕层土壤速效钾含量与土壤质地的关系

利用土壤质地图对土壤速效钾含量栅格数据进行区域统计发现，土壤速效钾含量最
高的质地是中壤质，平均含量达到了 167.55mg/kg，变化幅度为 79.00～295.50mg/kg；
而最低的质地为沙壤质，平均含量为 122.78mg/kg，变化幅度为 19.74～378.50mg/kg。
各质地速效钾含量平均值由大到小的排列顺序为：中壤质、沙质、轻壤质、沙壤质。具
体的分析结果见表 4 - 31。

表 4 - 31　不同土壤质地与耕层土壤速效钾含量的分布特点　　单位：mg/kg

土壤质地	最小值	最大值	平均值
中壤质	79.00	295.50	167.55
沙质	59.50	291.50	141.29
轻壤质	19.74	390.50	122.93
沙壤质	19.74	378.50	122.78

（三）耕层土壤速效钾含量与土壤分类的关系

1. 耕层土壤速效钾含量与土类的关系

在 3 个土类中，土壤速效钾含量最高的土类是潮土，平均含量达到了 148.77mg/kg，变化幅度为 71.50～390.50mg/kg；而最低的土类为褐土，平均含量为 119.19mg/kg，变化幅度为 19.74～380.50mg/kg。各土类速效钾含量平均值由大到小的排列顺序为：潮土、水稻土、褐土（见表 4-32）。

表 4-32　不同土类耕层土壤速效钾含量的分布特点　　　　单位：mg/kg

土壤类型	最小值	最大值	平均值
潮土	71.50	390.50	148.77
水稻土	63.50	295.50	126.57
褐土	19.74	380.50	119.19

2. 耕层土壤速效钾含量与亚类的关系

在 7 个亚类中，土壤速效钾含量最高的亚类是潮土—褐潮土，平均含量达到了 152.81mg/kg，变化幅度为 71.50～390.50mg/kg；而最低的亚类为褐土—褐土性土，平均含量为 100.70mg/kg，变化幅度为 59.50～140.00mg/kg。各亚类速效钾含量平均值由大到小的排列顺序为：潮土—褐潮土、潮土—湿潮土、潮土—潮土、水稻土—潜育型、褐土—石灰性褐土、褐土—潮褐土、褐土—褐土性土（见表 4-33）。

表 4-33　不同亚类耕层土壤速效钾含量的分布特点　　　　单位：mg/kg

土类	亚类	最小值	最大值	平均值
潮土	褐潮土	71.50	390.50	152.81
潮土	湿潮土	125.00	187.00	148.84
潮土	潮土	78.00	302.00	143.40
水稻土	潜育型	63.50	295.50	126.57
褐土	石灰性褐土	19.74	380.50	125.92
褐土	潮褐土	19.74	234.00	114.08
褐土	褐土性土	59.50	140.00	100.70

3. 耕层土壤速效钾含量与土属的关系

在 9 个土属中，土壤速效钾含量最高的土属是潮土—褐潮土—壤质，平均含量达到了 152.81mg/kg，变化幅度为 71.50～390.50mg/kg；而最低的土属为褐土—褐土性土—沙质，平均含量为 100.70mg/kg，变化幅度为 59.50～140.00mg/kg。各土属速效钾含量平均值由大到小的排列顺序为：潮土—褐潮土—壤质、潮土—湿潮土—壤质、潮土—潮土—壤质、潮土—潮土—沙质、褐土—潮褐土—沙质、水稻土—潜育型—壤质、褐土—石灰性褐土—壤质、褐土—潮褐土—壤质、褐土—褐土性土—沙质（见表 4-34）。

表 4-34　不同土属耕层土壤速效钾含量的分布特点　　　　单位：mg/kg

土类	亚类	土属	最小值	最大值	平均值
潮土	褐潮土	壤质	71.50	390.50	152.81
潮土	湿潮土	壤质	125.00	187.00	148.84
潮土	潮土	壤质	78.00	302.00	144.02
潮土	潮土	沙质	79.00	291.50	142.49
褐土	潮褐土	沙质	62.00	205.50	133.49
水稻土	潜育型	壤质	63.50	295.50	126.57
褐土	石灰性褐土	壤质	19.74	380.50	125.92
褐土	潮褐土	壤质	19.74	234.00	113.66
褐土	褐土性土	沙质	59.50	140.00	100.70

4. 耕层土壤速效钾含量与土种的关系

在 22 个土种中，土壤速效钾含量最高的土种是潮土—潮土—壤质—轻壤质潮土，平均含量达到了 173.78mg/kg，变化幅度为 131.00~200.00mg/kg；而最低的土种为水稻土—潜育型—壤质—轻壤质潜育型水稻土，平均含量为 81.16mg/kg，变化幅度为 63.50~103.00mg/kg。详细分析结果见表 4-35。

表 4-35　不同土种耕层土壤速效钾含量的分布特点　　　　单位：mg/kg

土类	亚类	土属	土种	最小值	最大值	平均值
潮土	潮土	壤质	轻壤质潮土	131.00	200.00	173.78
水稻土	潜育型	壤质	中壤质潜育型水稻土	79.00	295.50	167.55
潮土	潮土	壤质	浅位厚层沙轻壤质潮土	78.00	287.00	157.33
潮土	褐潮土	壤质	轻壤质褐潮土	71.50	390.50	153.36
褐土	石灰性褐土	壤质	浅位厚层沙轻壤质石灰性褐土	78.50	343.50	148.97
潮土	湿潮土	壤质	轻壤质轻度湿潮土	125.00	187.00	148.84
褐土	潮褐土	沙质	沙质潮褐土	80.00	205.50	146.00
潮土	潮土	壤质	沙壤质潮土	81.50	302.00	143.11
潮土	潮土	沙质	沙质潮土	79.00	291.50	142.49
褐土	石灰性褐土	壤质	深位厚层沙轻壤质石灰性褐土	65.00	380.50	136.91
潮土	潮土	壤质	深位厚层沙轻壤质潮土	93.00	231.50	129.82
褐土	石灰性褐土	壤质	沙壤质石灰性褐土	19.74	378.50	124.94
褐土	潮褐土	壤质	深位厚层黏轻壤质潮褐土	89.00	142.50	117.43
褐土	潮褐土	壤质	深位厚层沙轻壤质潮褐土	66.00	220.50	115.88
褐土	潮褐土	壤质	轻壤质潮褐土	19.74	234.00	114.38

土类	亚类	土属	土种	最小值	最大值	平均值
褐土	潮褐土	壤质	沙壤质潮褐土	66.50	201.00	107.34
褐土	潮褐土	壤质	浅位厚层沙轻壤质潮褐土	73.00	171.51	105.64
褐土	石灰性褐土	壤质	轻壤质石灰性褐土	64.50	330.00	100.90
褐土	褐土性土	沙质	沙质褐土性土	59.50	140.00	100.70
潮土	褐潮土	壤质	深位厚层沙轻壤质褐潮土	82.00	104.71	95.18
褐土	潮褐土	沙质	深位厚层轻壤沙质潮褐土	62.00	123.00	88.17
水稻土	潜育型	壤质	轻壤质潜育型水稻土	63.50	103.00	81.16

二、耕层土壤速效钾含量分级及特点

全县耕地土壤速效钾含量处于 1~6 级（见表 4-36），其中最多的为 3 级，面积 261735.0 亩，占总耕地面积的 58.7%；最少的为 6 级，面积 594.0 亩，占总耕地面积 的 0.1%。1 级主要分布在北早现乡、曲阳桥乡。2 级主要分布在正定镇、新安镇、曲 阳桥乡。3 级主要分布在正定镇、曲阳桥乡、南楼乡。4 级主要分布在南楼乡、新城铺 镇、西平乐乡。5 级全部分布在诸福屯镇。6 级全部分布在诸福屯镇。

表 4-36　耕地耕层速效钾含量分级及面积

级别	1	2	3	4	5	6
范围/（mg/kg）	>200	200~150	150~100	100~50	50~30	≤30
耕地面积/亩	21697.5	44832.0	261735.0	113997	3019.5	594.0
占总耕地（%）	4.9	10.1	58.7	25.6	0.7	0.1

（一）耕地耕层速效钾含量 1 级地行政区域分布特点

1 级地面积为 21697.5 亩，占总耕地面积的 4.9%。北早现乡面积为 12320.9 亩， 占本级耕地面积的 56.79%；曲阳桥乡面积为 4200.9 亩，占本级耕地面积的 19.36%。 正定镇面积为 2276.6 亩，占本级耕地面积的 10.49%。详细分析结果见表 4-37。

表 4-37　耕地耕层速效钾含量 1 级地行政区域分布

乡镇	面积/亩	占本级面积（%）
北早现乡	12320.9	56.79
曲阳桥乡	4200.9	19.36
正定镇	2276.6	10.49
南楼乡	1638.6	7.55
新安镇	1260.6	5.81

（二）耕地耕层速效钾含量2级地行政区域分布特点

2级地面积为44832.0亩，占总耕地面积的10.1%。2级地主要分布在正定镇，面积为11461.8亩，占本级耕地面积的25.57%；新安镇面积为10578.5亩，占本级耕地面积的23.60%；曲阳桥乡面积为7659.6亩，占本级耕地面积的17.08%。详细分析结果见表4-38。

表4-38 耕地耕层速效钾含量2级地行政区域分布

乡镇	面积/亩	占本级面积（%）
正定镇	11461.8	25.57
新安镇	10578.5	23.60
曲阳桥乡	7659.6	17.08
北早现乡	5229.0	11.66
南牛乡	5222.8	11.65
诸福屯镇	2450.4	5.47
南楼乡	2135.6	4.76
新城铺镇	94.4	0.21

（三）耕地耕层速效钾含量3级地行政区域分布特点

3级地面积为261735亩，占总耕地面积的58.7%。3级地主要分布在正定镇，面积54305.7亩，占本级耕地面积的20.75%；曲阳桥乡面积为48964.1亩，占本级耕地面积的18.71%；南楼乡面积为40672.5亩，占本级耕地面积的15.54%。详细分析结果见表4-39。

表4-39 耕地耕层速效钾含量3级地行政区域分布

乡镇	面积/亩	占本级面积（%）
正定镇	54305.7	20.75
曲阳桥乡	48964.1	18.71
南楼乡	40672.5	15.54
南牛乡	32688.8	12.49
新安镇	21528.9	8.23
北早现乡	19736.4	7.54
诸福屯镇	17799.6	6.80
新城铺镇	15741.8	6.01
西平乐乡	10297.7	3.93

（四）耕地耕层速效钾含量4级地行政区域分布特点

4级地面积为113997.0亩，占总耕地面积的25.6%。4级地主要分布在南楼乡，面积为51475.5亩，占本级耕地面积的45.16%；新城铺镇面积为18378.6亩，占本级耕地面积的16.12%；西平乐乡面积为16642.8亩，占本级耕地面积的14.60%。详细分析结果见表4-40。

表4-40　耕地耕层速效钾含量4级地行政区域分布

乡镇	面积/亩	占本级面积（%）
南楼乡	51475.5	45.16
新城铺镇	18378.6	16.12
西平乐乡	16642.8	14.60
诸福屯镇	11267.7	9.89
新安镇	6983.9	6.11
北早现乡	3933.8	3.45
正定镇	3101.0	2.72
南牛乡	2214.2	1.94

（五）耕地耕层速效钾含量5级地行政区域分布特点

5级地面积为3019.5亩，占总耕地面积的0.7%。5级地全部分布在诸福屯镇。

（六）耕地耕层速效钾含量6级地行政区域分布特点

6级地面积为594.0亩，占总耕地面积的0.1%。6级地全部分布在诸福屯镇。

第六节　碱解氮

一、耕层土壤碱解氮含量及分布特点

本次耕地地力调查共化验分析耕层土壤样本2000个，应用克里金空间插值技术并对其进行空间分析得知，全县耕层土壤碱解氮含量平均为109.22mg/kg，变化幅度为42.93～156.35mg/kg。

（一）耕层土壤碱解氮含量的行政区域分布特点

利用行政区划图对土壤碱解氮含量栅格数据进行区域统计发现，土壤碱解氮含量平均值达到110.00mg/kg的乡镇有新安镇、新城铺镇、正定镇、北早现乡，面积为186519.0亩，占全县总耕地面积的42.0%，其中新安镇1个乡镇平均含量超过了120.00mg/kg，面积为40335亩，占全县总耕地面积的9.1%。平均值小于110.00mg/kg的乡镇有南牛乡、曲阳桥乡、南楼乡、西平乐乡、诸福屯镇，面积为258960.0亩，占全县总耕地面积的58.0%，其中诸福屯镇1个乡镇平均含量低于95.00mg/kg，面积为

35130.0 亩，占全县总耕地面积的 7.9% 。具体的分析结果见表 4 - 41。

表 4 - 41   不同行政区域耕层土壤碱解氮含量的分布特点

乡镇	面积/亩	占总耕地（%）	最小值/（mg/kg）	最大值/（mg/kg）	平均值/（mg/kg）
新安镇	40335.0	9.1	91.07	156.35	122.23
新城铺镇	34215.0	7.7	89.02	139.30	115.18
正定镇	71145.0	16.0	83.84	149.38	114.98
北早现乡	41220.0	9.2	85.90	140.21	111.41
南牛乡	40125.0	9.0	70.76	134.54	108.67
曲阳桥乡	60825.0	13.6	83.81	133.07	107.20
南楼乡	95940.0	21.5	71.06	141.47	101.81
西平乐乡	26940.0	6.0	84.05	142.42	99.31
诸福屯镇	35130.0	7.9	42.93	137.13	92.50

（二）耕层土壤碱解氮含量与土壤质地的关系

利用土壤质地图对土壤碱解氮含量栅格数据进行区域统计发现，土壤碱解氮含量最高的质地是沙质，平均含量达到了 113.46 mg/kg，变化幅度为 77.62 ~ 154.95mg/kg，而最低的质地为中壤质，平均含量为 97.24mg/kg，变化幅度为 87.61 ~ 121.18mg/kg。各质地碱解氮含量平均值由大到小的排列顺序为：沙质、轻壤质、沙壤质、中壤质。具体的分析结果见表 4 - 42。

表 4 - 42   不同土壤质地与耕层土壤碱解氮含量的分布特点   单位：mg/kg

土壤质地	最小值	最大值	平均值
沙质	77.62	154.95	113.46
轻壤质	42.93	156.35	110.13
沙壤质	42.93	155.02	107.12
中壤质	87.61	121.18	97.24

（三）耕层土壤碱解氮含量与土壤分类的关系

1. 耕层土壤碱解氮含量与土类的关系

在 3 个土类中，土壤碱解氮含量最高的土类是潮土，平均含量达到了 111.63 mg/kg，变化幅度为 86.97 ~ 147.53 mg/kg，而最低的土类为水稻土，平均含量为 98.62 mg/kg，变化幅度为 84.38 ~ 121.88mg/kg。各土类碱解氮含量平均值由大到小的排列顺序为：潮土、褐土、水稻土（见表 4 - 43）。

表 4 – 43　不同土类耕层土壤碱解氮含量的分布特点　　　单位：mg/kg

土壤类型	最小值	最大值	平均值
潮土	86.97	147.53	111.63
褐土	42.93	156.35	108.61
水稻土	84.38	121.88	98.62

2. 耕层土壤碱解氮含量与亚类的关系

在 7 个亚类中，土壤碱解氮含量最高的亚类是潮土—湿潮土，平均含量达到了 130.23mg/kg，变化幅度为 120.26 ~ 142.66mg/kg，而最低的亚类为水稻土—潜育型，平均含量为 98.62mg/kg，变化幅度为 84.38 ~ 121.88mg/kg。各亚类碱解氮含量平均值由大到小的排列顺序为：潮土—湿潮土、褐土—褐土性土、褐土—潮褐土、潮土—褐潮土、潮土—潮土、褐土—石灰性褐土、水稻土—潜育型（见表 4 – 44）。

表 4 – 44　不同亚类耕层土壤碱解氮含量的分布特点　　　单位：mg/kg

土类	亚类	最小值	最大值	平均值
潮土	湿潮土	120.26	142.66	130.23
褐土	褐土性土	77.62	154.95	120.99
褐土	潮褐土	42.93	156.35	111.56
潮土	褐潮土	86.97	147.53	111.50
潮土	潮土	95.72	143.29	111.46
褐土	石灰性褐土	42.93	147.05	104.45
水稻土	潜育型	84.38	121.88	98.62

3. 耕层土壤碱解氮含量与土属的关系

在 9 个土属中，土壤碱解氮含量最高的土属是潮土—湿潮土—壤质，平均含量达到了 130.23mg/kg，变化幅度为 120.26 ~ 142.66mg/kg，而最低的土属为水稻土—潜育型—壤质，平均含量为 98.62mg/kg，变化幅度为 84.38 ~ 121.88mg/kg。各土属碱解氮含量平均值由大到小的排列顺序为：潮土—湿潮土—壤质、褐土—褐土性土—沙质、潮土—潮土—壤质、褐土—潮褐土—沙质、褐土—潮褐土—壤质、潮土—褐潮土—壤质、潮土—潮土—沙质、褐土—石灰性褐土—壤质、水稻土—潜育型—壤质（见表 4 – 45）。

表 4 – 45　不同土属耕层土壤碱解氮含量的分布特点　　　单位：mg/kg

土类	亚类	土属	最小值	最大值	平均值
潮土	湿潮土	壤质	120.26	142.66	130.23
褐土	褐土性土	沙质	77.62	154.95	121.00
潮土	潮土	壤质	95.72	143.29	112.72

续表

土类	亚类	土属	最小值	最大值	平均值
褐土	潮褐土	沙质	78.32	132.93	112.66
褐土	潮褐土	壤质	42.93	156.35	111.53
潮土	褐潮土	壤质	86.97	147.53	111.49
潮土	潮土	沙质	97.37	135.21	109.63
褐土	石灰性褐土	壤质	42.93	147.05	104.45
水稻土	潜育型	壤质	84.38	121.88	98.62

4. 耕层土壤碱解氮含量与土种的关系

在 22 个土种中，土壤碱解氮含量最高的土种是潮土—潮土—壤质—轻壤质潮土，平均含量达到了 138.89mg/kg，变化幅度为 132.90～143.29mg/kg，而最低的土种为褐土—石灰性褐土—壤质—轻壤质石灰性褐土，平均含量为 92.32mg/kg，变化幅度为 78.88～138.25mg/kg。详细分析结果见表 4-46。

表 4-46 不同土种耕层土壤碱解氮含量的分布特点 单位：mg/kg

土类	亚类	土属	土种	最小值	最大值	平均值
潮土	潮土	壤质	轻壤质潮土	132.90	143.29	138.89
潮土	湿潮土	壤质	轻壤质轻度湿潮土	120.26	142.66	130.23
褐土	褐土性土	沙质	沙质褐土性土	77.62	154.95	121.00
褐土	潮褐土	壤质	沙壤质潮褐土	80.77	155.02	117.07
褐土	潮褐土	壤质	深位厚层沙轻壤质潮褐土	84.05	155.02	116.78
褐土	潮褐土	沙质	沙质潮褐土	94.31	132.93	116.47
褐土	潮褐土	壤质	浅位厚层沙轻壤质潮褐土	86.24	134.69	114.88
潮土	潮土	壤质	沙壤质潮土	95.72	143.19	114.40
潮土	潮土	壤质	浅位厚层沙轻壤质潮土	103.31	139.48	113.16
褐土	石灰性褐土	壤质	深位厚层沙轻壤质石灰性褐土	72.86	141.47	112.20
潮土	褐潮土	壤质	深位厚层沙轻壤质褐潮土	108.78	112.81	111.85
潮土	褐潮土	壤质	轻壤质褐潮土	86.97	147.53	111.49
褐土	潮褐土	壤质	轻壤质潮褐土	42.93	156.35	110.28
褐土	石灰性褐土	壤质	浅位厚层沙轻壤质石灰性褐土	76.71	145.88	110.15
潮土	潮土	沙质	沙质潮土	97.37	135.21	109.63
褐土	潮褐土	壤质	深位厚层黏轻壤质潮褐土	97.51	130.99	108.68
潮土	潮土	壤质	深位厚层沙轻壤质潮土	96.13	117.35	105.12

续表

土类	亚类	土属	土种	最小值	最大值	平均值
褐土	石灰性褐土	壤质	沙壤质石灰性褐土	42.93	147.05	103.69
水稻土	潜育型	壤质	轻壤质潜育型水稻土	84.38	121.88	100.16
褐土	潮褐土	沙质	深位厚层轻壤沙质潮褐土	78.32	121.80	98.86
水稻土	潜育型	壤质	中壤质潜育型水稻土	87.61	121.18	97.24
褐土	石灰性褐土	壤质	轻壤质石灰性褐土	78.88	138.25	92.32

二、耕层土壤碱解氮含量分级及特点

全县耕地土壤碱解氮含量处于 1~6 级（见表 4-47），其中最多的为 3 级，面积 353452.5 亩，占总耕地面积的 79.3%；最少的为 6 级，面积 15.0 亩，占总耕地面积的 0.0%。1 级全部分布在新安镇。2 级主要分布在新安镇、新城铺镇、北早现乡、南楼乡。3 级主要分布在南楼乡、正定镇、曲阳桥乡、南牛乡。4 级主要分布在诸福屯镇、西平乐乡、南牛乡。5 级全部分布在诸福屯镇。6 级全部分布在西平乐乡。

表 4-47　耕地耕层碱解氮含量分级及面积

级别	1	2	3	4	5	6
范围/（mg/kg）	>150	150~120	120~90	90~60	60~30	≤30
耕地面积/亩	1216.5	68077.5	353452.5	17155.5	5958	15.0
占总耕地（%）	0.3	15.3	79.3	3.8	1.3	0.0

（一）耕地耕层碱解氮含量 1 级地行政区域分布特点

1 级地面积为 1216.5 亩，占总耕地面积的 0.3%。1 级地全部分布在新安镇。

（二）耕地耕层碱解氮含量 2 级地行政区域分布特点

2 级地面积为 68077.5 亩，占总耕地面积的 15.3%。2 级地主要分布在新安镇，面积为 21641.3 亩，占本级耕地面积的 31.79%；新城铺镇面积为 12262.1 亩，占本级耕地面积的 18.01%；北早现乡面积为 10703.1 亩，占本级耕地面积的 15.72%。详细分析结果见表 4-48。

表 4-48　耕地耕层碱解氮含量 2 级地行政区域分布

乡镇	面积/亩	占本级面积（%）
新安镇	21641.3	31.79
新城铺镇	12262.1	18.01
北早现乡	10703.1	15.72

乡镇	面积/亩	占本级面积（%）
南楼乡	8561.0	12.58
南牛乡	8197.7	12.04
曲阳桥乡	4451.9	6.54
西平乐乡	1112.1	1.63
诸福屯镇	1025.4	1.51
正定镇	123.2	0.18

（三）耕地耕层碱解氮含量3级地行政区域分布特点

3级地面积为353452.5亩，占总耕地面积的79.3%。3级地主要分布在南楼乡，面积为87379.7亩，占本级耕地面积的24.73%；正定镇面积为70982.0亩，占本级耕地面积的20.08%；曲阳桥乡面积为54432.0亩，占本级耕地面积的15.40%。详细分析结果见表4-49。

表4-49　耕地耕层碱解氮含量3级地行政区域分布

乡镇	面积/亩	占本级面积（%）
南楼乡	87379.7	24.73
正定镇	70982.0	20.08
曲阳桥乡	54432.0	15.40
南牛乡	29605.4	8.38
北早现乡	29243.4	8.27
西平乐乡	22397.6	6.34
新城铺镇	21918.3	6.20
诸福屯镇	20017.2	5.66
新安镇	17477.1	4.94

（四）耕地耕层碱解氮含量4级地行政区域分布特点

4级地面积为17155.5亩，占总耕地面积的3.8%。4级地主要分布在诸福屯镇，面积为8129.0亩，占本级耕地面积的47.39%；西平乐乡面积为3414.8亩，占本级耕地面积的19.91%；南牛乡面积为2322.4亩，占本级耕地面积的13.54%。详细分析结果见表4-50。

表 4 - 50   耕地耕层碱解氮含量 4 级地行政区域分布

乡镇	面积/亩	占本级面积（%）
诸福屯镇	8129.0	47.39
西平乐乡	3414.8	19.91
南牛乡	2322.4	13.54
曲阳桥乡	1941.2	11.32
北早现乡	1273.5	7.42
正定镇	39.9	0.23
新城铺镇	34.7	0.20

（五）耕地耕层碱解氮含量 5 级地行政区域分布特点

5 级地面积为 5958.0 亩，占总耕地面积的 1.3%。5 级地全部分布在诸福屯镇。

（六）耕地耕层碱解氮含量 6 级地行政区域分布特点

6 级地面积为 15.0 亩，占总耕地面积的 0.0%。6 级地全部分布在西平乐乡。

第七节   有效铜

一、耕层土壤有效铜含量及分布特点

本次耕地地力调查共化验分析耕层土壤样本 2000 个，应用克里金空间插值技术并对其进行空间分析得知，全县耕层土壤有效铜含量平均为 1.29mg/kg，变化幅度为 0.50 ~ 8.58mg/kg。

（一）耕层土壤有效铜含量的行政区域分布特点

利用行政区划图对土壤有效铜含量栅格数据进行区域统计发现，土壤有效铜含量平均值达到 1.20mg/kg 的乡镇有新城铺镇、南牛乡、诸福屯镇、西平乐乡、北早现乡，面积为 177630 亩，占全县总耕地面积的 39.8%，其中新城铺镇、南牛乡 2 个乡镇平均含量超过了 1.70mg/kg，面积合计为 74340.0 亩，占全县总耕地面积的 16.7%。平均值小于 1.20mg/kg 的乡镇有正定镇、新安镇、南楼乡、曲阳桥乡，面积为 268245.0 亩，占全县总耕地面积的 60.2%，其中曲阳桥乡 1 个乡镇平均含量低于 1.00mg/kg，面积为 60825.0 亩，占全县总耕地面积的 13.6%。具体的分析结果见表 4 - 51。

表 4 - 51   不同行政区域耕层土壤有效铜含量的分布特点

乡镇	面积/亩	占总耕地（%）	最小值/（mg/kg）	最大值/（mg/kg）	平均值/（mg/kg）
新城铺镇	34215.0	7.7	0.72	7.08	1.93
南牛乡	40125.0	9.0	0.61	8.58	1.77

续表

乡镇	面积/亩	占总耕地（%）	最小值/（mg/kg）	最大值/（mg/kg）	平均值/（mg/kg）
诸福屯镇	35130.0	7.9	0.58	2.81	1.58
西平乐乡	26940.0	6.0	0.50	7.16	1.33
北早现乡	41220.0	9.2	0.71	2.37	1.22
正定镇	71145.0	16.0	0.61	1.84	1.17
新安镇	40335.0	9.1	0.71	2.28	1.16
南楼乡	95940.0	21.5	0.55	2.41	1.08
曲阳桥乡	60825.0	13.6	0.62	1.87	0.99

（二）耕层土壤有效铜含量与土壤质地的关系

利用土壤质地图对土壤有效铜含量栅格数据进行区域统计发现，土壤有效铜含量最高的质地是轻壤质，平均含量达到了1.31mg/kg，变化幅度为0.50~8.56mg/kg，而最低的质地为中壤质，平均含量为1.17mg/kg，变化幅度为0.70~1.49mg/kg。各质地有效铜含量平均值由大到小的排列顺序为：轻壤质、沙壤质、沙质、中壤质。具体的分析结果见表4-52。

表4-52　不同土壤质地与耕层土壤有效铜含量的分布特点　　单位：mg/kg

土壤质地	最小值	最大值	平均值
轻壤质	0.50	8.56	1.31
沙壤质	0.50	8.58	1.29
沙质	0.61	3.05	1.18
中壤质	0.70	1.49	1.17

（三）耕层土壤有效铜含量与土壤分类的关系

1. 耕层土壤有效铜含量与土类的关系

在3个土类中，土壤有效铜含量最高的土类是褐土，平均含量达到了1.33mg/kg，变化幅度为0.50~8.58mg/kg，而最低的土类为水稻土，平均含量为1.02mg/kg，变化幅度为0.69~1.49mg/kg。各土类有效铜含量平均值由大到小的排列顺序为：褐土、潮土、水稻土（见表4-53）。

表4-53　不同土类耕层土壤有效铜含量的分布特点　　单位：mg/kg

土壤类型	最小值	最大值	平均值
褐土	0.50	8.58	1.33
潮土	0.64	1.99	1.15
水稻土	0.69	1.49	1.02

2. 耕层土壤有效铜含量与亚类的关系

在 7 个亚类中，土壤有效铜含量最高的亚类是褐土—潮褐土，平均含量达到了
1.40mg/kg，变化幅度为 0.50～8.56mg/kg，而最低的亚类为水稻土—潜育型，平均含
量为 1.02mg/kg，变化幅度为 0.69～1.49mg/kg。各亚类有效铜含量平均值由大到小的
排列顺序为：褐土—潮褐土、潮土—湿潮土、褐土—褐土性土、褐土—石灰性褐土、潮
土—褐潮土、潮土—潮土、水稻土—潜育型（见表 4－54）。

表 4－54　不同亚类耕层土壤有效铜含量的分布特点　　　　　单位：mg/kg

土类	亚类	最小值	最大值	平均值
褐土	潮褐土	0.50	8.56	1.40
潮土	湿潮土	1.05	1.71	1.37
褐土	褐土性土	0.61	3.05	1.31
褐土	石灰性褐土	0.55	8.58	1.23
潮土	褐潮土	0.64	1.99	1.16
潮土	潮土	0.76	1.99	1.13
水稻土	潜育型	0.69	1.49	1.02

3. 耕层土壤有效铜含量与土属的关系

在 9 个土属中，土壤有效铜含量最高的土属是褐土—潮褐土—壤质，平均含量达到
了 1.41mg/kg，变化幅度为 0.50～8.56mg/kg，而最低的土属为水稻土—潜育型—壤
质，平均含量为 1.02mg/kg，变化幅度为 0.69～1.49mg/kg。各土属有效铜含量平均值
由大到小的排列顺序为：褐土—潮褐土—壤质、潮土—湿潮土—壤质、褐土—褐土性
土—沙质、褐土—潮褐土—沙质、褐土—石灰性褐土—壤质、潮土—褐潮土—壤质、潮
土—潮土—壤质、潮土—潮土—沙质、水稻土—潜育型—壤质（见表 4－55）。

表 4－55　不同土属耕层土壤有效铜含量的分布特点　　　　　单位：mg/kg

土类	亚类	土属	最小值	最大值	平均值
褐土	潮褐土	壤质	0.50	8.56	1.41
潮土	湿潮土	壤质	1.05	1.71	1.37
褐土	褐土性土	沙质	0.61	3.05	1.32
褐土	潮褐土	沙质	0.65	2.62	1.26
褐土	石灰性褐土	壤质	0.55	8.58	1.23
潮土	褐潮土	壤质	0.64	1.99	1.16
潮土	潮土	壤质	0.81	1.99	1.15
潮土	潮土	沙质	0.76	1.42	1.10
水稻土	潜育型	壤质	0.69	1.49	1.02

4. 耕层土壤有效铜含量与土种的关系

在 22 个土种中，土壤有效铜含量最高的土种是褐土—潮褐土—壤质—深位厚层黏轻壤质潮褐土，平均含量达到了 2.02mg/kg，变化幅度为 1.34 ~ 2.70mg/kg，而最低的土种为水稻土—潜育型—壤质—轻壤质潜育型水稻土，平均含量为 0.85mg/kg，变化幅度为 0.69 ~ 1.11mg/kg。详细分析结果见表 4 - 56。

表 4 - 56　不同土种耕层土壤有效铜含量的分布特点　　　　单位：mg/kg

土类	亚类	土属	土种	最小值	最大值	平均值
褐土	潮褐土	壤质	深位厚层黏轻壤质潮褐土	1.34	2.70	2.02
褐土	潮褐土	壤质	浅位厚层沙轻壤质潮褐土	0.68	2.65	1.45
褐土	潮褐土	壤质	深位厚层沙轻壤质潮褐土	0.56	7.07	1.42
褐土	潮褐土	壤质	轻壤质潮褐土	0.50	8.56	1.41
潮土	湿潮土	壤质	轻壤质轻度湿潮土	1.05	1.71	1.37
褐土	潮褐土	沙质	沙质潮褐土	0.85	2.62	1.36
潮土	褐潮土	壤质	深位厚层沙轻壤质褐潮土	0.76	1.99	1.36
褐土	褐土性土	沙质	沙质褐土性土	0.61	3.05	1.32
褐土	潮褐土	壤质	沙壤质潮褐土	0.50	3.23	1.31
褐土	石灰性褐土	壤质	沙壤质石灰性褐土	0.55	8.58	1.27
潮土	潮土	壤质	轻壤质潮土	1.09	1.46	1.23
褐土	石灰性褐土	壤质	浅位厚层沙轻壤质石灰性褐土	0.73	2.36	1.20
潮土	潮土	壤质	浅位厚层沙轻壤质潮土	0.87	1.99	1.18
水稻土	潜育型	壤质	中壤质潜育型水稻土	0.70	1.49	1.17
潮土	褐潮土	壤质	轻壤质褐潮土	0.64	1.87	1.15
潮土	潮土	壤质	深位厚层沙轻壤质潮土	0.86	1.29	1.13
潮土	潮土	壤质	沙壤质潮土	0.81	1.43	1.13
潮土	潮土	沙质	沙质潮土	0.76	1.42	1.10
褐土	石灰性褐土	壤质	深位厚层沙轻壤质石灰性褐土	0.62	2.25	1.07
褐土	石灰性褐土	壤质	轻壤质石灰性褐土	0.61	2.20	0.91
褐土	潮褐土	沙质	深位厚层轻壤沙质潮褐土	0.65	1.09	0.89
水稻土	潜育型	壤质	轻壤质潜育型水稻土	0.69	1.11	0.85

二、耕层土壤有效铜含量分级及特点

全县耕地土壤有效铜含量处于 1 ~ 5 级（见表 4 - 57），其中最多的为 2 级，面积 33086.4 亩，占总耕地面积的 81.5%；最少的为 5 级，面积 40.5 亩，占总耕地面积的

0.0%。1级主要分布在新城铺镇、南牛乡、南楼乡。2级主要分布在南楼乡、曲阳桥乡、正定镇、北早现乡。3级主要分布在南牛乡、正定镇、西平乐乡。5级全部分布在南牛乡。

表 4 - 57　耕地耕层有效铜含量分级及面积

级别	1	2	3	4	5
范围/（mg/kg）	>1.8	1.8~1.0	1.0~0.2	0.5~0.2	≤0.2
耕地面积/亩	33086.4	363369.1	49379.0	0	40.5
占总耕地（%）	7.4	81.5	11.1	0.0	0.0

（一）耕地耕层有效铜含量1级地行政区域分布特点

1级地面积为33086.4亩，占总耕地面积的7.4%。1级地主要分布在新城铺镇：面积为19825.8亩，占本级耕地面积的59.92%；南牛乡：面积为5856.6亩，占本级耕地面积的17.70%；南楼乡：面积为2527.1亩，占本级耕地面积的7.64%。详细分析结果见表4-58。

表 4 - 58　耕地耕层有效铜含量1级地行政区域分布

乡镇	面积/亩	占本级面积（%）
新城铺镇	19825.8	59.92
南牛乡	5856.6	17.70
南楼乡	2527.1	7.64
西平乐乡	1874.6	5.66
新安镇	1443.0	4.36
北早现乡	1398.2	4.23
正定镇	161.1	0.49

（二）耕地耕层有效铜含量2级地行政区域分布特点

2级地面积为363369.1亩，占总耕地面积的81.5%。2级地主要分布在南楼乡：面积为93394.4亩，占本级耕地面积的25.70%；曲阳桥乡：面积为60825.0亩，占本级耕地面积的16.74%；正定镇：面积为55695.3亩，占本级耕地面积的15.33%。详细分析结果见表4-59。

表 4 - 59　耕地耕层有效铜含量2级地行政区域分布

乡镇	面积/亩	占本级面积（%）
南楼乡	93394.4	25.70
曲阳桥乡	60825.0	16.74
正定镇	55695.3	15.33

续表

乡镇	面积/亩	占本级面积（%）
北早现乡	38965.2	10.72
新安镇	36803.3	10.13
诸福屯镇	32625.2	8.98
南牛乡	16869.8	4.64
西平乐乡	16139.3	4.44
新城铺镇	12051.6	3.32

（三）耕地耕层有效铜含量3级地行政区域分布特点

3级地面积为49379.0亩，占总耕地面积的11.1%。3级地主要分布在南牛乡：面积为17376.0亩，占本级耕地面积的35.19%；正定镇：面积为15288.5亩，占本级耕地面积的30.96%；西平乐乡：面积为8926.2亩，占本级耕地面积的18.08%。详细分析结果见表4-60。

表4-60　耕地耕层有效铜含量3级地行政区域分布

乡镇	面积/亩	占本级面积（%）
南牛乡	17376.0	35.19
正定镇	15288.5	30.96
西平乐乡	8926.2	18.08
诸福屯镇	2504.9	5.07
新城铺镇	2337.6	4.73
新安镇	2088.8	4.23
北早现乡	857.0	1.74

（四）耕地耕层有效铜含量5级地行政区域分布特点

5级地面积为40.5亩，小于总耕地面积的0.1%。5级地全部分布在南牛乡。

第八节　有效铁

一、耕层土壤有效铁含量及分布特点

本次耕地地力调查共化验分析耕层土壤样本2000个，应用克里金空间插值技术并对其进行空间分析得知，全县耕层土壤有效铁含量平均为14.99mg/kg，变化幅度为1.93～30.02mg/kg。

（一）耕层土壤有效铁含量的行政区域分布特点

利用行政区划图对土壤有效铁含量栅格数据进行区域统计发现，土壤有效铁含量平均值达到 15.00mg/kg 的乡镇有曲阳桥乡、南楼乡、新安镇、北早现乡，面积为238320.0 亩，占全县总耕地面积的 53.4%，其中曲阳桥乡、南楼乡 2 个乡镇平均含量超过了 17.00mg/kg，面积合计为156765.0 亩，占全县总耕地面积的 35.2%。平均值小于 15.00mg/kg 的乡镇有新城铺镇、南牛乡、西平乐乡、正定镇、诸福屯镇，面积为207555 亩，占全县总耕地面积的 46.6%，其中诸福屯镇 1 个乡镇平均含量低于10.00mg/kg，面积为 35130 亩，占全县总耕地面积的 7.9%。具体的分析结果见表4 - 61。

表 4 - 61　不同行政区域耕层土壤有效铁含量的分布特点

乡镇	面积/亩	占总耕地（%）	最小值/（mg/kg）	最大值/（mg/kg）	平均值/（mg/kg）
曲阳桥乡	60825.0	13.6	8.85	30.02	17.71
南楼乡	95940.0	21.5	10.85	25.05	17.41
新安镇	40335.0	9.1	9.91	25.61	16.87
北早现乡	41220.0	9.2	10.64	25.69	16.45
新城铺镇	34215.0	7.7	9.48	20.18	14.82
南牛乡	40125.0	9.0	9.34	22.69	14.70
西平乐乡	26940.0	6.0	8.18	17.99	13.44
正定镇	71145.0	16.0	7.41	18.49	13.33
诸福屯镇	35130.0	7.9	1.93	17.06	7.83

（二）耕层土壤有效铁含量与土壤质地的关系

利用土壤质地图对土壤有效铁含量栅格数据进行区域统计发现，土壤有效铁含量最高的质地是沙壤质，平均含量达到了 15.70mg/kg，变化幅度为 1.93～29.36mg/kg，而最低的质地为中壤质，平均含量为 14.06mg/kg，变化幅度为 9.87～17.05mg/kg。各质地有效铁含量平均值由大到小的排列顺序为：沙壤质、沙质、轻壤质、中壤质。具体的分析结果见表 4 - 62。

表 4 - 62　不同土壤质地与耕层土壤有效铁含量的分布特点　　　　单位：mg/kg

土壤质地	最小值	最大值	平均值
沙壤质	1.93	29.36	15.70
沙质	8.35	28.34	15.40
轻壤质	1.97	30.02	14.41
中壤质	9.87	17.05	14.06

（三）耕层土壤有效铁含量与土壤分类的关系

1. 耕层土壤有效铁含量与土类的关系

在 3 个土类中，土壤有效铁含量最高的土类是褐土，平均含量达到了 15.09mg/kg，变化幅度为 1.93～30.02mg/kg，而最低的土类为潮土，平均含量为 14.31mg/kg，变化幅度为 7.48～29.43mg/kg。各土类有效铁含量平均值由大到小的排列顺序为：褐土、水稻土、潮土（见表 4-63）。

表 4-63 不同土类耕层土壤有效铁含量的分布特点 单位：mg/kg

土壤类型	最小值	最大值	平均值
褐土	1.93	30.02	15.09
水稻土	9.87	26.13	14.69
潮土	7.48	29.43	14.31

2. 耕层土壤有效铁含量与亚类的关系

在 7 个亚类中，土壤有效铁含量最高的亚类是褐土—石灰性褐土，平均含量达到了 15.77mg/kg，变化幅度为 1.93～30.02mg/kg，而最低的亚类为潮土—湿潮土，平均含量为 11.55mg/kg，变化幅度为 10.82～12.59mg/kg。各亚类有效铁含量平均值由大到小的排列顺序为：褐土—石灰性褐土、褐土—褐土性土、水稻土—潜育型、潮土—潮土、褐土—潮褐土、潮土—褐潮土、潮土—湿潮土（见表 4-64）。

表 4-64 不同亚类耕层土壤有效铁含量的分布特点 单位：mg/kg

土类	亚类	最小值	最大值	平均值
褐土	石灰性褐土	1.93	30.02	15.77
褐土	褐土性土	10.30	22.11	15.49
水稻土	潜育型	9.87	26.13	14.69
潮土	潮土	7.78	28.34	14.64
褐土	潮褐土	1.97	25.58	14.55
潮土	褐潮土	7.48	29.43	14.10
潮土	湿潮土	10.82	12.59	11.55

3. 耕层土壤有效铁含量与土属的关系

在 9 个土属中，土壤有效铁含量最高的土属是褐土—石灰性褐土—壤质，平均含量达到了 15.77mg/kg，变化幅度为 1.93～30.02mg/kg，而最低的土属为潮土—湿潮土—壤质，平均含量为 11.55mg/kg，变化幅度为 10.82～12.59mg/kg。各土属有效铁含量平均值由大到小的排列顺序为：褐土—石灰性褐土—壤质、潮土—潮土—沙质、褐土—褐土性土—沙质、褐土—潮褐土—沙质、水稻土—潜育型—壤质、褐土—潮褐土—壤质、潮土—褐潮土—壤质、潮土—潮土—壤质、潮土—湿潮土—壤质（见表 4-65）。

表 4-65　不同土属耕层土壤有效铁含量的分布特点　　　　单位：mg/kg

土类	亚类	土属	最小值	最大值	平均值
褐土	石灰性褐土	壤质	1.93	30.02	15.77
潮土	潮土	沙质	11.32	28.34	15.63
褐土	褐土性土	沙质	10.30	22.11	15.49
褐土	潮褐土	沙质	11.07	22.26	15.23
水稻土	潜育型	壤质	9.87	26.13	14.69
褐土	潮褐土	壤质	1.97	25.58	14.54
潮土	褐潮土	壤质	7.48	29.43	14.10
潮土	潮土	壤质	7.78	24.37	13.96
潮土	湿潮土	壤质	10.82	12.59	11.55

4. 耕层土壤有效铁含量与土种的关系

在 22 个土种中，土壤有效铁含量最高的土种是褐土—潮褐土—壤质—沙壤质潮褐土，平均含量达到了 17.48mg/kg，变化幅度为 9.26~23.47mg/kg，而最低的土种为潮土—湿潮土—壤质—轻壤质轻度湿潮土，平均含量为 11.55mg/kg，变化幅度为 10.82~12.59mg/kg。详细分析结果见表 4-66。

表 4-66　不同土种耕层土壤有效铁含量的分布特点　　　　单位：mg/kg

土类	亚类	土属	土种	最小值	最大值	平均值
褐土	潮褐土	壤质	沙壤质潮褐土	9.26	23.47	17.48
褐土	石灰性褐土	壤质	深位厚层沙轻壤质石灰性褐土	10.86	30.02	17.40
褐土	石灰性褐土	壤质	浅位厚层沙轻壤质石灰性褐土	7.53	28.99	16.29
潮土	褐潮土	壤质	深位厚层沙轻壤质褐潮土	7.48	24.40	16.26
褐土	潮褐土	沙质	深位厚层轻壤沙质潮褐土	13.82	21.27	15.92
褐土	潮褐土	壤质	深位厚层沙轻壤质潮褐土	8.06	25.05	15.69
褐土	潮褐土	壤质	浅位厚层沙轻壤质潮褐土	8.66	24.76	15.69
潮土	潮土	沙质	沙质潮土	11.32	28.34	15.63
褐土	石灰性褐土	壤质	沙壤质石灰性褐土	1.93	29.36	15.54
褐土	褐土性土	沙质	沙质褐土性土	10.30	22.11	15.49
水稻土	潜育型	壤质	轻壤质潜育型水稻土	11.64	26.13	15.40
褐土	潮褐土	壤质	深位厚层黏轻壤质潮褐土	13.66	16.72	15.28
褐土	石灰性褐土	壤质	轻壤质石灰性褐土	10.85	24.19	15.15
褐土	潮褐土	沙质	沙质潮褐土	11.07	22.26	15.04

土类	亚类	土属	土种	最小值	最大值	平均值
潮土	潮土	壤质	深位厚层沙轻壤质潮土	13.31	16.24	14.42
潮土	褐潮土	壤质	轻壤质褐潮土	8.85	29.43	14.08
水稻土	潜育型	壤质	中壤质潜育型水稻土	9.87	17.05	14.06
褐土	潮褐土	壤质	轻壤质潮褐土	1.97	25.58	14.05
潮土	潮土	壤质	轻壤质潮土	10.74	17.87	13.93
潮土	潮土	壤质	浅位厚层沙轻壤质潮土	7.78	18.06	13.77
潮土	潮土	壤质	沙壤质潮土	8.27	24.37	13.58
潮土	湿潮土	壤质	轻壤质轻度湿潮土	10.82	12.59	11.55

二、耕层土壤有效铁含量分级及特点

全县耕地土壤有效铁含量处于 1~4 级，其中最多的为 2 级，面积 397815.0 亩，占总耕地面积的 89.2%；最少的为 3 级，面积 1845.0 亩，占总耕地面积的 0.5%。1 级主要分布在南楼乡、曲阳桥乡。2 级主要分布在南楼乡、正定镇、曲阳桥乡、南牛乡。3 级主要分布在西平乐乡、南牛乡。4 级全部分布在诸福屯镇（见表 4-67）。

表 4-67 耕地耕层有效铁含量分级及面积

级别	1	2	3	4	5
范围/（mg/kg）	>20.0	20.0~10.0	10.0~4.5	4.5~0.25	≤0.25
耕地面积/亩	39843.0	397815.0	1854.0	6363.0	0
占总耕地（%）	8.9	89.2	0.5	1.4	0.0

（一）耕地耕层有效铁含量 1 级地行政区域分布特点

1 级地面积为 39843.0 亩，占总耕地面积的 8.9%。南楼乡面积为 15270.9 亩，占本级耕地面积的 38.33%；曲阳桥乡面积为 10911.6 亩，占本级耕地面积的 27.39%；新安镇面积为 8129.7 亩，占本级耕地面积的 20.40%。详细分析结果见表 4-68。

表 4-68 耕地耕层有效铁含量 1 级地行政区域分布

乡镇	面积/亩	占本级面积（%）
南楼乡	15270.9	38.33
曲阳桥乡	10911.6	27.39
新安镇	8129.7	20.40
北早现乡	4631.9	11.63
南牛乡	899.0	2.25

（二）耕地耕层有效铁含量 2 级地行政区域分布特点

2 级地面积为 397815.0 亩，占总耕地面积的 89.2%。2 级地主要分布在南楼乡：面积为 80650.7 亩，占本级耕地面积的 20.27%；正定镇：面积为 71145.0 亩，占本级耕地面积的 17.88%；曲阳桥乡：面积为 49859.0 亩，占本级耕地面积的 12.53%。详细分析结果见表 4 - 69。

表 4 - 69　耕地耕层有效铁含量 2 级地行政区域分布

乡镇	面积/亩	占本级面积（%）
南楼乡	80650.7	20.27
正定镇	71145.0	17.88
曲阳桥乡	49859.0	12.53
南牛乡	39087.5	9.83
北早现乡	36588.2	9.20
新城铺镇	34184.6	8.59
新安镇	32178.9	8.09
诸福屯镇	28683.6	7.22
西平乐乡	25437.5	6.39

（三）耕地耕层有效铁含量 3 级地行政区域分布特点

3 级地面积为 1854.0 亩顷，占总耕地面积的 0.4%。西平乐乡面积为 1502.9 亩，占本级耕地面积的 81.07%；南牛乡面积为 138.6 亩，占本级耕地面积的 7.48%；诸福屯镇面积为 101.4 亩，占本级耕地面积的 5.47%。详细分析结果见表 4 - 70。

表 4 - 70　耕地耕层有效铁含量 3 级地行政区域分布

乡镇	面积/亩	占本级面积（%）
西平乐乡	1502.9	81.07
南牛乡	138.6	7.48
诸福屯镇	101.4	5.47
曲阳桥乡	54.3	2.93
新城铺镇	30.5	1.63
新安镇	26.3	1.42

（四）耕地耕层有效铁含量 4 级地行政区域分布特点

4 级地面积为 6363.0 亩，占总耕地面积的 1.4%。4 级地全部分布在诸福屯镇。

第九节　有效锰

一、耕层土壤有效锰含量及分布特点

本次耕地地力调查共化验分析耕层土壤样本 2000 个，通过应用克里金空间插值技术并对其进行空间分析得知，全县耕层土壤有效锰含量平均为 15.30mg/kg，变化幅度为 6.40~41.14mg/kg。

（一）耕层土壤有效锰含量的行政区域分布特点

利用行政区划图对土壤有效锰含量栅格数据进行区域统计发现，土壤有效锰含量平均值达到 15.00mg/kg 的乡镇有新安镇、南楼乡、新城铺镇，面积为 170490 亩，占全县总耕地面积的 38.3%，其中新安镇 1 个乡镇平均含量超过了 20.00mg/kg，面积为 40335.0 亩，占全县总耕地面积的 9.0%。平均值小于 15.00mg/kg 的乡镇有曲阳桥乡、西平乐乡、正定镇、南牛乡、北早现乡、诸福屯镇，面积合计为 275385 亩，占全县总耕地面积的 61.8%，其中诸福屯镇 1 个乡镇平均含量低于 12.00mg/kg，面积为 35130 亩，占全县总耕地面积的 7.9%。具体的分析结果见表 4 -71。

表 4 -71　不同行政区域耕层土壤有效锰含量的分布特点

乡镇	面积/亩	占总耕地（%）	最小值/（mg/kg）	最大值/（mg/kg）	平均值/（mg/kg）
新安镇	40335.0	9.1	7.78	37.01	20.46
南楼乡	95940.0	21.5	9.35	41.14	19.34
新城铺镇	34215.0	7.7	9.40	29.51	18.20
曲阳桥乡	60825.0	13.6	7.81	23.85	14.20
西平乐乡	26940.0	6.0	8.41	18.91	13.93
正定镇	71145.0	16.0	6.40	21.75	13.47
南牛乡	40125.0	9.0	7.19	29.35	13.17
北早现乡	41220.0	9.2	8.62	22.00	12.61
诸福屯镇	35130.0	7.9	7.31	17.28	10.68

（二）耕层土壤有效锰含量与土壤质地的关系

利用土壤质地图对土壤有效锰含量栅格数据进行区域统计发现，土壤有效锰含量最高的质地是沙质，平均含量达到了 16.02mg/kg，变化幅度为 9.35~30.87mg/kg；而最低的质地为中壤质，平均含量为 12.70mg/kg，变化幅度为 10.52~15.40mg/kg。各质地有效锰含量平均值由大到小的排列顺序为：沙质、轻壤质、沙壤质、中壤质。具体的分析结果见表 4 -72。

表4-72 不同土壤质地与耕层土壤有效锰含量的分布特点   单位：mg/kg

土壤质地	最小值	最大值	平均值
沙质	9.35	30.87	16.02
轻壤质	6.79	37.38	15.39
沙壤质	6.40	41.14	15.05
中壤质	10.52	15.40	12.70

（三）耕层土壤有效锰含量与土壤分类的关系

1. 耕层土壤有效锰含量与土类的关系

在3个土类中，土壤有效锰含量最高的土类是褐土，平均含量达到了15.52mg/kg，变化幅度为6.40~41.14mg/kg，而最低的土类为水稻土，平均含量为13.22mg/kg，变化幅度为10.06~18.07mg/kg。各土类有效锰含量平均值由大到小的排列顺序为：褐土、潮土、水稻土（见表4-73）。

表4-73 不同土类耕层土壤有效锰含量的分布特点   单位：mg/kg

土壤类型	最小值	最大值	平均值
褐土	6.40	41.14	15.52
潮土	8.62	18.20	13.91
水稻土	10.06	18.07	13.22

2. 耕层土壤有效锰含量与亚类的关系

在7个亚类中，土壤有效锰含量最高的亚类是褐土—褐土性土，平均含量达到了20.59mg/kg，变化幅度为9.35~30.87mg/kg，而最低的亚类为潮土—湿潮土，平均含量为12.89mg/kg，变化幅度为9.55~15.94mg/kg。各亚类有效锰含量平均值由大到小的排列顺序为：褐土—褐土性土、褐土—潮褐土、潮土—潮土、褐土—石灰性褐土、潮土—褐潮土、水稻土—潜育型、潮土—湿潮土（见表4-74）。

表4-74 不同亚类耕层土壤有效锰含量的分布特点   单位：mg/kg

土类	亚类	最小值	最大值	平均值
褐土	褐土性土	9.35	30.87	20.59
褐土	潮褐土	6.40	41.14	16.79
潮土	潮土	10.03	18.20	14.17
褐土	石灰性褐土	7.19	32.90	13.73
潮土	褐潮土	8.62	18.20	13.73
水稻土	潜育型	10.06	18.07	13.22
潮土	湿潮土	9.55	15.94	12.89

3. 耕层土壤有效锰含量与土属的关系

在 9 个土属中，土壤有效锰含量最高的土属是褐土—褐土性土—沙质，平均含量达到了 20.59mg/kg，变化幅度为 9.35 ~ 30.87mg/kg，而最低的土属为潮土—湿潮土—壤质，平均含量为 12.89mg/kg，变化幅度为 9.55 ~ 15.94mg/kg。各土属有效锰含量平均值由大到小的排列顺序为：褐土—褐土性土—沙质、褐土—潮褐土—沙质、褐土—潮褐土—壤质、潮土—潮土—沙质、潮土—潮土—壤质、褐土—石灰性褐土—壤质、潮土—褐潮土—壤质、水稻土—潜育型—壤质、潮土—湿潮土—壤质（见表 4 - 75）。

表 4 - 75　不同土属耕层土壤有效锰含量的分布特点　　　　单位：mg/kg

土类	亚类	土属	最小值	最大值	平均值
褐土	褐土性土	沙质	9.35	30.87	20.59
褐土	潮褐土	沙质	12.06	29.73	19.16
褐土	潮褐土	壤质	6.40	41.14	16.73
潮土	潮土	沙质	10.42	17.62	14.28
潮土	潮土	壤质	10.03	18.20	14.09
褐土	石灰性褐土	壤质	7.19	32.90	13.73
潮土	褐潮土	壤质	8.62	18.20	13.73
水稻土	潜育型	壤质	10.06	18.07	13.22
潮土	湿潮土	壤质	9.55	15.94	12.89

4. 耕层土壤有效锰含量与土种的关系

在 22 个土种中，土壤有效锰含量最高的土种是褐土—潮褐土—壤质—沙壤质潮褐土，平均含量达到了 21.68mg/kg，变化幅度为 9.81 ~ 34.59mg/kg，而最低的土种为水稻土—潜育型—壤质—中壤质潜育型水稻土，平均含量为 12.70mg/kg，变化幅度为 10.52 ~ 15.40mg/kg。详细分析结果见表 4 - 76。

表 4 - 76　不同土种耕层土壤有效锰含量的分布特点　　　　单位：mg/kg

土类	亚类	土属	土种	最小值	最大值	平均值
褐土	潮褐土	壤质	沙壤质潮褐土	9.81	34.59	21.68
褐土	褐土性土	沙质	沙质褐土性土	9.35	30.87	20.59
褐土	潮褐土	沙质	深位厚层轻壤沙质潮褐土	13.82	27.48	20.20
褐土	潮褐土	壤质	深位厚层沙轻壤质潮褐土	6.40	41.14	18.94
褐土	潮褐土	沙质	沙质潮褐土	12.06	29.73	18.88
褐土	潮褐土	壤质	浅位厚层沙轻壤质潮褐土	9.43	37.38	18.66
褐土	潮褐土	壤质	深位厚层黏轻壤质潮褐土	13.08	18.05	16.04

续表

土类	亚类	土属	土种	最小值	最大值	平均值
褐土	潮褐土	壤质	轻壤质潮褐土	6.79	37.38	15.89
潮土	褐潮土	壤质	深位厚层沙轻壤质褐潮土	14.37	17.25	15.79
褐土	石灰性褐土	壤质	轻壤质石灰性褐土	9.35	21.09	15.62
潮土	潮土	壤质	轻壤质潮土	12.09	16.71	15.24
褐土	石灰性褐土	壤质	浅位厚层沙轻壤质石灰性褐土	7.61	22.84	15.11
褐土	石灰性褐土	壤质	深位厚层沙轻壤质石灰性褐土	7.76	22.67	15.03
潮土	潮土	壤质	沙壤质潮土	11.15	18.20	14.31
潮土	潮土	沙质	沙质潮土	10.42	17.62	14.28
潮土	潮土	壤质	浅位厚层沙轻壤质潮土	10.03	16.70	13.99
水稻土	潜育型	壤质	轻壤质潜育型水稻土	10.06	18.07	13.78
潮土	褐潮土	壤质	轻壤质褐潮土	8.62	18.20	13.71
潮土	潮土	壤质	深位厚层沙轻壤质潮土	11.72	16.68	13.70
褐土	石灰性褐土	壤质	沙壤质石灰性褐土	7.19	32.90	13.42
潮土	湿潮土	壤质	轻壤质轻度湿潮土	9.55	15.94	12.89
水稻土	潜育型	壤质	中壤质潜育型水稻土	10.52	15.40	12.70

二、耕层土壤有效锰含量分级及特点

全县耕地土壤有效锰含量处于 1~3（见表4-77），其中最多的为3级，面积为 247558.5亩，占总耕地面积的55.5%；最少的为4级，面积18.5亩，小于占总耕地面积的0.1%。没有4级和5级。1级主要分布在南楼乡。2级主要分布在南楼乡、新安镇、新城铺镇、曲阳桥乡。3级主要分布在正定镇、曲阳桥乡、北早现乡、诸福屯镇。

表4-77 耕地耕层有效锰含量分级及面积

级别	1	2	3	4	5
范围/（mg/kg）	>30.0	30.0~15.0	15.0~5.0	5.0~1.0	≤1.0
耕地面积/亩	4486.5	193830	247558.5	18	0
占总耕地（%）	1.0	43.5	55.5	0.0	0

（一）耕地耕层有效锰含量1级地行政区域分布特点

1级地面积为4486.5亩，占总耕地面积的1.0%。南楼乡：面积为3093.0亩，占本级耕地面积的68.9%；新安镇：面积为1393.5亩，占本级耕地面积的31.1%。

（二）耕地耕层有效锰含量 2 级地行政区域分布特点

2 级地面积为 193830 亩，占总耕地面积的 43.5%。2 级地主要分布在南楼乡，面积为 90967.2 亩，占本级耕地面积的 46.93%；新安镇面积为 32074.5 亩，占本级耕地面积的 16.55%；新城铺镇面积为 26957.1 亩，占本级耕地面积的 13.91%。详细分析结果见表 4 - 78。

表 4 - 78　耕地耕层有效锰含量 2 级地行政区域分布

乡镇	面积/亩	占本级面积（%）
南楼乡	90967.2	46.93
新安镇	32074.5	16.55
新城铺镇	26957.1	13.91
曲阳桥乡	11173.8	5.76
南牛乡	10909.5	5.63
正定镇	10690.8	5.52
西平乐乡	8449.8	4.36
北早现乡	2565.0	1.32
诸福屯镇	42.3	0.02

（三）耕地耕层有效锰含量 3 级地行政区域分布特点

3 级地面积为 247558.5 亩，占总耕地面积的 55.5%。3 级地主要分布在正定镇，面积为 60454.2 亩，占本级耕地面积的 24.42%；曲阳桥乡面积为 49651.2 亩，占本级耕地面积的 20.06%；北早现乡面积为 387655.0 亩，占本级耕地面积的 15.62%。详细分析结果见表 4 - 79。

表 4 - 79　耕地耕层有效锰含量 3 级地行政区域分布

乡镇	面积/亩	占本级面积（%）
正定镇	60454.2	24.42
曲阳桥乡	49651.2	20.06
北早现乡	38655.0	15.62
诸福屯镇	35087.7	14.17
南牛乡	29215.5	11.80
西平乐乡	18490.2	7.47
新城铺镇	7257.9	2.93
新安镇	6867.5	2.77
南楼乡	1879.3	0.76

第十节 有效锌

一、耕层土壤有效锌含量及分布特点

本次耕地地力调查共化验分析耕层土壤样本 2000 个，通过应用克里金空间插值技术并对其进行空间分析得知，全县耕层土壤有效锌含量平均为 3.71mg/kg，变化幅度为 0.83 ~ 8.18mg/kg。

（一）耕层土壤有效锌含量的行政区域分布特点

利用行政区划图对土壤有效锌含量栅格数据进行区域统计发现，土壤有效锌含量平均值达到 4.00mg/kg 的乡镇有新城铺镇、正定镇、北早现乡、曲阳桥乡、西平乐乡，面积为 234345 亩，占全县总耕地面积的 52.6%，其中新城铺镇、正定镇 2 个乡镇平均含量超过了 4.30mg/kg，面积合计为 105360 亩，占全县总耕地面积的 23.6%。平均值小于 4.00mg/kg 的乡镇有南牛乡、南楼乡、新安镇、诸福屯镇，面积合计为 211530 亩，占全县总耕地面积的 47.5%，其中诸福屯镇 1 个乡镇平均含量低于 2.50mg/kg，面积为 35130 亩，占全县总耕地面积的 7.9%。具体的分析结果见表 4 - 80。

表 4 - 80　不同行政区域耕层土壤有效锌含量的分布特点

乡镇	面积/亩	占总耕地（%）	最小值/（mg/kg）	最大值/（mg/kg）	平均值/（mg/kg）
新城铺镇	34215.0	7.7	1.23	8.18	4.40
正定镇	71145.0	16.0	1.56	6.97	4.38
北早现乡	41220.0	9.2	1.76	7.01	4.27
曲阳桥乡	60825.0	13.6	1.65	7.21	4.22
西平乐乡	26940.0	6.0	1.23	6.92	4.17
南牛乡	40125.0	9.0	1.61	7.15	3.48
南楼乡	95940.0	21.5	0.89	7.20	2.87
新安镇	40335.0	9.1	1.67	4.47	2.86
诸福屯镇	35130.0	7.9	0.83	4.98	2.26

（二）耕层土壤有效锌含量与土壤质地的关系

利用土壤质地图对土壤有效锌含量栅格数据进行区域统计发现，土壤有效锌含量最高的质地是沙质，平均含量达到了 4.36mg/kg，变化幅度为 0.96 ~ 6.95mg/kg；而最低的质地为沙壤质，平均含量为 3.51mg/kg，变化幅度为 0.84 ~ 7.21mg/kg。各质地有效锌含量平均值由大到小的排列顺序为：沙质、中壤质、轻壤质、沙壤质。具体的分析结果见表 4 - 81。

表 4 – 81　不同土壤质地与耕层土壤有效锌含量的分布特点　　单位：mg/kg

土壤质地	最小值	最大值	平均值
沙质	0.96	6.95	4.36
中壤质	2.34	5.32	4.27
轻壤质	0.83	8.18	3.73
沙壤质	0.84	7.21	3.51

（三）耕层土壤有效锌含量与土壤分类的关系

1. 耕层土壤有效锌含量与土类的关系

在 3 个土类中，土壤有效锌含量最高的土类是潮土，平均含量达到了 4.50mg/kg，变化幅度为 2.18 ~ 6.46mg/kg；而最低的土类为褐土，平均含量为 3.52mg/kg，变化幅度为 0.83 ~ 8.18mg/kg。各土类有效锌含量平均值由大到小的排列顺序为：潮土、水稻土、褐土（见表 4 – 82）。

表 4 – 82　不同土类耕层土壤有效锌含量的分布特点　　单位：mg/kg

土壤类型	最小值	最大值	平均值
潮土	2.18	6.46	4.50
水稻土	1.99	5.32	4.16
褐土	0.83	8.18	3.52

2. 耕层土壤有效锌含量与亚类的关系

在 7 个亚类中，土壤有效锌含量最高的亚类是潮土—湿潮土，平均含量达到了 5.02mg/kg，变化幅度为 3.64 ~ 6.46mg/kg；而最低的亚类为褐土—褐土性土，平均含量为 3.19mg/kg，变化幅度为 0.96 ~ 6.95mg/kg。各亚类有效锌含量平均值由大到小的排列顺序为：潮土—湿潮土、潮土—潮土、潮土—褐潮土、水稻土—潜育型、褐土—石灰性褐土、褐土—潮褐土、褐土—褐土性土（见表 4 – 83）。

表 4 – 83　不同亚类耕层土壤有效锌含量的分布特点　　单位：mg/kg

土类	亚类	最小值	最大值	平均值
潮土	湿潮土	3.64	6.46	5.02
潮土	潮土	2.56	6.42	4.61
潮土	褐潮土	2.18	6.44	4.41
水稻土	潜育型	1.99	5.32	4.16
褐土	石灰性褐土	0.84	7.21	3.59
褐土	潮褐土	0.83	8.18	3.47
褐土	褐土性土	0.96	6.95	3.19

3. 耕层土壤有效锌含量与土属的关系

在 9 个土属中，土壤有效锌含量最高的土属是潮土—湿潮土—壤质，平均含量达到了 5.02mg/kg，变化幅度为 3.64 ~ 6.46mg/kg，而最低的土属为褐土—褐土性土—沙质，平均含量为 3.20mg/kg，变化幅度为 0.96 ~ 6.95mg/kg。各土属有效锌含量平均值由大到小的排列顺序为：潮土—湿潮土—壤质、潮土—潮土—沙质、潮土—潮土—壤质、潮土—褐潮土—壤质、水稻土—潜育型—壤质、褐土—石灰性褐土—壤质、褐土—潮褐土—沙质、褐土—潮褐土—壤质、褐土—褐土性土—沙质（见表 4 – 84）。

表 4 – 84　不同土属耕层土壤有效锌含量的分布特点　　　　单位：mg/kg

土类	亚类	土属	最小值	最大值	平均值
潮土	湿潮土	壤质	3.64	6.46	5.02
潮土	潮土	沙质	3.32	6.35	4.72
潮土	潮土	壤质	2.56	6.42	4.53
潮土	褐潮土	壤质	2.18	6.44	4.41
水稻土	潜育型	壤质	1.99	5.32	4.16
褐土	石灰性褐土	壤质	0.84	7.21	3.59
褐土	潮褐土	沙质	0.95	7.15	3.50
褐土	潮褐土	壤质	0.83	8.18	3.47
褐土	褐土性土	沙质	0.96	6.95	3.20

4. 耕层土壤有效锌含量与土种的关系

在 22 个土种中，土壤有效锌含量最高的土种是潮土—潮土—壤质—轻壤质潮土，平均含量达到了 5.25mg/kg，变化幅度为 3.37 ~ 6.42mg/kg；而最低的土种为褐土—石灰性褐土—壤质—轻壤质石灰性褐土，平均含量为 1.98mg/kg，变化幅度为 0.89 ~ 7.14mg/kg。详细分析结果见表 4 – 85。

表 4 – 85　不同土种耕层土壤有效锌含量的分布特点　　　　单位：mg/kg

土类	亚类	土属	土种	最小值	最大值	平均值
潮土	潮土	壤质	轻壤质潮土	3.37	6.42	5.25
潮土	湿潮土	壤质	轻壤质轻度湿潮土	3.64	6.46	5.02
潮土	潮土	沙质	沙质潮土	3.32	6.35	4.72
潮土	潮土	壤质	深位厚层沙轻壤质潮土	2.84	5.98	4.53
潮土	潮土	壤质	浅位厚层沙轻壤质潮土	2.56	6.34	4.52
潮土	褐潮土	壤质	轻壤质褐潮土	2.18	6.44	4.41
潮土	潮土	壤质	沙壤质潮土	2.65	6.35	4.34

续表

土类	亚类	土属	土种	最小值	最大值	平均值
水稻土	潜育型	壤质	中壤质潜育型水稻土	2.34	5.32	4.27
褐土	石灰性褐土	壤质	浅位厚层沙轻壤质石灰性褐土	1.17	7.16	4.23
褐土	石灰性褐土	壤质	深位厚层沙轻壤质石灰性褐土	0.98	7.20	4.21
潮土	褐潮土	壤质	深位厚层沙轻壤质褐潮土	2.47	5.63	4.15
褐土	潮褐土	壤质	深位厚层黏轻壤质潮褐土	3.44	4.96	4.11
水稻土	潜育型	壤质	轻壤质潜育型水稻土	1.99	5.31	4.03
褐土	潮褐土	沙质	沙质潮褐土	1.83	7.15	3.90
褐土	石灰性褐土	壤质	沙壤质石灰性褐土	0.84	7.21	3.55
褐土	潮褐土	壤质	轻壤质潮褐土	0.83	8.18	3.52
褐土	潮褐土	壤质	深位厚层沙轻壤质潮褐土	1.03	7.20	3.44
褐土	潮褐土	壤质	浅位厚层沙轻壤质潮褐土	0.97	7.20	3.25
褐土	褐土性土	沙质	沙质褐土性土	0.96	6.95	3.20
褐土	潮褐土	壤质	沙壤质潮褐土	0.92	7.15	3.05
褐土	潮褐土	沙质	深位厚层轻壤沙质潮褐土	0.95	3.46	2.06
褐土	石灰性褐土	壤质	轻壤质石灰性褐土	0.89	7.14	1.98

二、耕层土壤有效锌含量分级及特点

全县耕地土壤有效锌含量处于1～3级（见表4－86），其中最多的为1级，面积为422536.5亩，占总耕地面积的94.8%；最少的为3级，面积1294.5亩，占总耕地面积的0.3%。没有4级和5级。1级主要分布在南楼乡、正定镇、曲阳桥乡、新安镇。2级主要分布在曲阳桥乡、新城铺镇。3级主要分布在南楼乡。

表4－86 耕地耕层有效锌含量分级及面积

级别	1	2	3	4	5
范围/（mg/kg）	>3.0	3.0～1.0	1.0～0.5	0.5～0.3	≤0.3
耕地面积/亩	422536.5	22044	1294.5	0	0
占总耕地（%）	94.8	4.9	0.3	0	0

（一）耕地耕层有效锌含量1级地行政区域分布特点

1级地面积为422536.5亩，占总耕地面积的94.8%。1级地主要分布在南楼乡，面积为95078.3亩，占本级耕地面积的22.50%；正定镇面积为69839.0亩，占本级耕地面积的16.53%；曲阳桥乡面积为50241.0亩，占本级耕地面积的11.89%。详细分析结果见表 4 - 87。

表 4 - 87　耕地耕层有效锌含量 1 级地行政区域分布

乡镇	面积/亩	占本级面积（%）
南楼乡	95078.3	22.50
正定镇	69839.0	16.53
曲阳桥乡	50241.0	11.89
新安镇	40335.0	9.55
南牛乡	40125.0	9.50
北早现乡	38550.0	9.12
诸福屯镇	34642.1	8.20
新城铺镇	29842.4	7.06
西平乐乡	23884.0	5.65

（二）耕地耕层有效锌含量 2 级地行政区域分布特点

2 级地面积为 22044.0 亩，占总耕地面积的 4.9%。曲阳桥乡面积为 10584.0 亩，占本级耕地面积的 48.01%；新城铺镇面积为 4372.7 亩，占本级耕地面积的 19.84%；西平乐乡面积为 3055.8 亩，占本级耕地面积的 13.86%。详细分析结果见表 4 - 88。

表 4 - 88　耕地耕层有效锌含量 2 级地行政区域分布

乡镇	面积/亩	占本级面积（%）
曲阳桥乡	10584.0	48.01
新城铺镇	4372.7	19.84
西平乐乡	3055.8	13.86
北早现乡	2670.0	12.11
正定镇	1306.7	5.92
南楼乡	54.8	0.25

（三）耕地耕层有效锌含量 3 级地行政区域分布特点

3 级地面积为 1294.5 亩，占总耕地面积的 0.3%。南楼乡面积为 789.0 亩，占本级耕地面积的 61.8%；诸福屯镇面积为 505.5 亩，占本级耕地面积的 38.2%。

第十一节　水溶态硼

一、耕层土壤水溶态硼含量及分布特点

本次耕地地力调查共化验分析耕层土壤样本 2000 个，通过应用克里金空间插值技术并对其进行空间分析得知，全县耕层土壤水溶态硼含量平均为 0.89mg/kg，变化幅度为 0.24～10.10mg/kg。

（一）耕层土壤水溶态硼含量的行政区域分布特点

利用行政区划图对土壤水溶态硼含量栅格数据进行区域统计发现，土壤水溶态硼含量平均值达到 0.75mg/kg 的乡镇有诸福屯镇、南牛乡、新安镇、曲阳桥乡，面积为176415 亩，占全县总耕地面积的 39.6%，其中诸福屯镇、南牛乡 2 个乡镇平均含量超过了 1.00mg/kg，面积合计为 75255.0 亩，占全县总耕地面积的 16.9%。平均值小于0.75mg/kg 的乡镇有正定镇、新城铺镇、北早现乡、西平乐乡、南楼乡，面积为269460.0 亩，占全县总耕地面积的 60.4%，其中南楼乡 1 个乡镇平均含量低于0.50mg/kg，面积为 95940 亩，占全县总耕地面积的 21.5%。具体的分析结果见表 4 - 89。

表 4 - 89　不同行政区域耕层土壤水溶态硼含量的分布特点

乡镇	面积/亩	占总耕地（%）	最小值/（mg/kg）	最大值/（mg/kg）	平均值/（mg/kg）
诸福屯镇	35130.0	7.9	0.42	6.60	3.11
南牛乡	40125.0	9.0	0.34	6.76	1.16
新安镇	40335.0	9.1	0.30	3.34	0.82
曲阳桥乡	60825.0	13.6	0.36	10.10	0.80
正定镇	71145.0	16.0	0.36	5.72	0.73
新城铺镇	34215.0	7.7	0.42	0.88	0.65
北早现乡	41220.0	9.0	0.38	4.73	0.62
西平乐乡	26940.0	6.0	0.36	0.80	0.52
南楼乡	95940.0	21.5	0.24	0.74	0.47

（二）耕层土壤水溶态硼含量与土壤质地的关系

利用土壤质地图对土壤水溶态硼含量栅格数据进行区域统计发现，土壤水溶态硼含量最高的质地是中壤质，平均含量达到了 1.92mg/kg，变化幅度为 0.46～9.94mg/kg；而最低的质地为沙质，平均含量为 0.65mg/kg，变化幅度为 0.35～6.31mg/kg。各质地水溶态硼含量平均值由大到小的排列顺序为：中壤质、轻壤质、沙壤质、沙质。具体的分析结果见表 4 - 90。

表 4 - 90 不同土壤质地与耕层土壤水溶态硼含量的分布特点 单位：mg/kg

土壤质地	最小值	最大值	平均值
中壤质	0.46	9.94	1.92
轻壤质	0.24	10.10	0.97
沙壤质	0.24	6.66	0.83
沙质	0.35	6.31	0.65

（三）耕层土壤水溶态硼含量与土类的关系

1. 耕层土壤水溶态硼含量与土类的关系

在 3 个土类中，土壤水溶态硼含量最高的土类是水稻土，平均含量达到了 1.25mg/kg，变化幅度为 0.40 ~ 9.94mg/kg；而最低的土类为潮土，平均含量为 0.80mg/kg，变化幅度为 0.42 ~ 10.10mg/kg。各土类水溶态硼含量平均值由大到小的排列顺序为：水稻土、褐土、潮土（见表 4 - 91）。

表 4 - 91 不同土类耕层土壤水溶态硼含量的分布特点 单位：mg/kg

土类	最小值	最大值	平均值
水稻土	0.40	9.94	1.25
褐土	0.24	6.76	0.92
潮土	0.42	10.10	0.80

2. 耕层土壤水溶态硼含量与亚类的关系

在 7 个亚类中，土壤水溶态硼含量最高的亚类是水稻土—潜育型水稻土，平均含量达到了 1.25mg/kg，变化幅度为 0.40 ~ 9.94mg/kg；而最低的亚类为潮土—潮土，平均含量为 0.63mg/kg，变化幅度为 0.47 ~ 0.87mg/kg。各亚类水溶态硼含量平均值由大到小的排列顺序为：水稻土—潜育型、褐土—潮褐土、潮土—褐潮土、褐土—石灰性褐土、褐土—褐土性土、潮土—湿潮土、潮土—潮土（见表 4 - 92）。

表 4 - 92 不同亚类耕层土壤水溶态硼含量的分布特点 单位：mg/kg

土类	亚类	最小值	最大值	平均值
水稻土	潜育型水稻土	0.40	9.94	1.25
褐土	潮褐土	0.24	6.76	0.99
潮土	褐潮土	0.42	10.10	0.93
褐土	石灰性褐土	0.30	6.66	0.84
褐土	褐土性土	0.35	6.31	0.83
潮土	湿潮土	0.63	0.83	0.73
潮土	潮土	0.47	0.87	0.63

3. 耕层土壤水溶态硼含量与土属的关系

在 9 个土属中，土壤水溶态硼含量最高的土属是水稻土—潜育型水稻土—壤质，平均含量达到了 1.25mg/kg，变化幅度为 0.40~9.94mg/kg；而最低的土属为潮土—潮土—沙质，平均含量为 0.60mg/kg，变化幅度为 0.50~0.85mg/kg。各土属水溶态硼含量平均值由大到小的排列顺序为：水稻土—潜育型—壤质、褐土—潮褐土—壤质、潮土—褐潮土—壤质、褐土—石灰性褐土—壤质、褐土—褐土性土—沙质、潮土—湿潮土—壤质、潮土—潮土—壤质、褐土—潮褐土—沙质、潮土—潮土—沙质（见表 4-93）。

表 4-93 不同土属耕层土壤水溶态硼含量的分布特点 单位：mg/kg

土类	亚类	土属	最小值	最大值	平均值
水稻土	潜育型水稻土	壤质	0.40	9.94	1.25
褐土	潮褐土	壤质	0.24	6.76	1.00
潮土	褐潮土	壤质	0.42	10.10	0.93
褐土	石灰性褐土	壤质	0.30	6.66	0.84
褐土	褐土性土	沙质	0.35	6.31	0.82
潮土	湿潮土	壤质	0.63	0.83	0.73
潮土	潮土	壤质	0.47	0.87	0.65
褐土	潮褐土	沙质	0.35	0.87	0.60
潮土	潮土	沙质	0.50	0.85	0.60

4. 耕层土壤水溶态硼含量与土种的关系

在 22 个土种中，土壤水溶态硼含量最高的土种是水稻土—潜育型水稻土—壤质—中壤质潜育型水稻土，平均含量达到了 1.92mg/kg，变化幅度为 0.46~9.94mg/kg；而最低的土种为褐土—潮褐土—沙质—深位厚层轻壤沙质潮褐土，平均含量为 0.48mg/kg，变化幅度为 0.35~0.59mg/kg。详细分析结果见表 4-94。

表 4-94 不同土种耕层土壤水溶态硼含量的分布特点 单位：mg/kg

土类	亚类	土属	土种	最小值	最大值	平均值
水稻土	潜育型水稻土	壤质	中壤质潜育型水稻土	0.46	9.94	1.92
褐土	潮褐土	壤质	轻壤质潮褐土	0.24	6.76	1.09
潮土	褐潮土	壤质	轻壤质褐潮土	0.42	10.10	0.93
褐土	石灰性褐土	壤质	沙壤质石灰性褐土	0.30	6.66	0.91
潮土	褐潮土	壤质	深位厚层沙轻壤质褐潮土	0.55	3.41	0.86
褐土	褐土性土	沙质	沙质褐土性土	0.35	6.31	0.82
潮土	潮土	壤质	轻壤质潮土	0.65	0.84	0.74

续表

土类	亚类	土属	土种	最小值	最大值	平均值
潮土	湿潮土	壤质	轻壤质轻度湿潮土	0.63	0.83	0.73
潮土	潮土	壤质	浅位厚层沙轻壤质潮土	0.50	0.87	0.71
褐土	潮褐土	壤质	深位厚层沙轻壤质潮褐土	0.25	6.48	0.71
潮土	潮土	壤质	沙壤质潮土	0.47	0.87	0.64
褐土	潮褐土	沙质	沙质潮褐土	0.51	0.87	0.64
潮土	潮土	沙质	沙质潮土	0.50	0.85	0.60
潮土	潮土	壤质	深位厚层沙轻壤质潮土	0.56	0.70	0.59
褐土	潮褐土	壤质	深位厚层黏轻壤质潮褐土	0.36	0.72	0.59
褐土	潮褐土	壤质	浅位厚层沙轻壤质潮褐土	0.24	0.75	0.56
褐土	石灰性褐土	壤质	浅位厚层沙轻壤质石灰性褐土	0.37	0.84	0.55
褐土	石灰性褐土	壤质	轻壤质石灰性褐土	0.32	0.71	0.52
褐土	石灰性褐土	壤质	深位厚层沙轻壤质石灰性褐土	0.30	0.85	0.52
褐土	潮褐土	壤质	沙壤质潮褐土	0.26	6.30	0.51
水稻土	潜育型水稻土	壤质	轻壤质潜育型水稻土	0.40	4.79	0.51
褐土	潮褐土	沙质	深位厚层轻壤沙质潮褐土	0.35	0.59	0.48

二、耕层土壤水溶态硼含量分级及特点

全县耕地土壤水溶态硼含量处于 1~5 级（见表 4-95），其中最多的为 3 级，面积为 398370 亩，占总耕地面积的 89.3%；最少的为 5 级，面积为 55.5 亩，不到总耕地面积的 0.1%。1 级主要分布在南牛乡、新安镇。2 级主要分布在南牛乡。3 级主要分布在南楼乡、正定镇、曲阳桥乡、北早现乡。4 级主要分布在南牛乡、南楼乡、西平乐乡。5 级主要分布在南牛乡。

表 4-95　耕地耕层水溶态硼含量分级及面积

级别	1	2	3	4	5
范围/（mg/kg）	>2	2~1	1~0.5	0.5~0.2	≤0.2
耕地面积/亩	12699.0	2386.5	398370.0	32364.0	55.5
占总耕地（%）	2.8	0.5	89.3	7.3	0.0

（一）耕地耕层水溶态硼含量 1 级地行政区域分布特点

1 级地面积为 12699.0 亩，占总耕地面积的 2.8%。南牛乡面积为 4631.1 亩，占本级耕地面积的 36.47%；新安镇面积为 3156.6 亩，占本级耕地面积的 24.85%；曲阳桥

乡面积为 2552.8 亩，占本级耕地面积的 20.10%。详细分析结果见表 4 - 96。

表 4 - 96　耕地耕层水溶态硼含量 1 级地行政区域分布

乡镇	面积/亩	占本级面积（%）
南牛乡	4631.1	36.47
新安镇	3156.6	24.85
曲阳桥乡	2552.8	20.10
正定镇	1715.1	13.51
北早现乡	421.1	3.32
诸福屯镇	222.3	1.75

（二）耕地耕层水溶态硼含量 2 级地行政区域分布特点

2 级地面积为 2386.5 亩，占总耕地面积的 0.5%。南牛乡面积为 1381.1 亩，占本级耕地面积的 57.87%；正定镇面积为 492.0 亩，占本级耕地面积的 20.61%；新安镇面积为 463.4 亩，占本级耕地面积的 19.42%。详细分析结果见表 4 - 97。

表 4 - 97　耕地耕层水溶态硼含量 2 级地行政区域分布

乡镇	面积/亩	占本级面积（%）
南牛乡	1381.1	57.87
正定镇	492.0	20.61
新安镇	463.4	19.42
北早现乡	50.0	2.10

（三）耕地耕层水溶态硼含量 3 级地行政区域分布特点

3 级地面积为 398370.0 亩，占总耕地面积的 89.3%。3 级地主要分布在南楼乡，面积为 90948.8 亩，占本级耕地面积的 22.83%；正定镇面积为 67376.9 亩，占本级耕地面积的 16.91%；曲阳桥乡面积 58255.2 亩，占本级耕地面积的 14.62%。详细分析结果见表 4 - 98。

表 4 - 98　耕地耕层水溶态硼含量 3 级地行政区域分布

乡镇	面积/亩	占本级面积（%）
南楼乡	90948.8	22.83
正定镇	67376.9	16.91
曲阳桥乡	58255.2	14.62
北早现乡	40513.2	10.17

乡镇	面积/亩	占本级面积（%）
新安镇	35574.2	8.93
诸福屯镇	33338.6	8.37
新城铺镇	32216.4	8.09
西平乐乡	22128.4	5.55
南牛乡	18018.3	4.53

（四）耕地耕层水溶态硼含量 4 级地行政区域分布特点

4 级地面积为 32364.0 亩，占总耕地面积的 7.3%。4 级地主要分布在南牛乡，面积为 16073.6 亩，占本级耕地面积的 49.66%；南楼乡面积为 4972.8 亩，占本级耕地面积的 15.37%；西平乐乡面积为 4811.3 亩，占本级耕地面积的 14.87%。详细分析结果见表 4-99。

表 4-99　耕地耕层水溶态硼含量 4 级地行政区域分布

乡镇	面积/亩	占本级面积（%）
南牛乡	16073.6	49.66
南楼乡	4972.8	15.37
西平乐乡	4811.3	14.87
新城铺镇	1998.6	6.18
诸福屯镇	1569.2	4.85
正定镇	1561.7	4.83
新安镇	1141.3	3.53
北早现乡	235.5	0.73

（五）耕地耕层水溶态硼含量 5 级地行政区域分布特点

5 级地面积为 55.5 亩，不到总耕地面积的 0.1%。南牛乡面积为 30.6 亩，占本级耕地面积的 55.1%；曲阳桥乡面积为 24.9 亩，占本级耕地面积的 44.9%。

第十二节　缓效钾

一、耕层土壤缓效钾含量及分布特点

本次耕地地力调查共化验分析耕层土壤样本 2000 个，通过应用克里金空间插值技术并对其进行空间分析得知，全县耕层土壤缓效钾含量平均为 1217.37mg/kg，变化幅度为891.12~1520.66mg/kg。

（一）耕层土壤缓效钾含量的行政区域分布特点

利用行政区划图对土壤缓效钾含量栅格数据进行区域统计发现，土壤缓效钾含量平均值达到1200.00mg/kg的乡镇有诸福屯镇、新安镇、南牛乡、南楼乡、新城铺镇、西平乐乡，面积为272685.0亩，占全县总耕地面积的61.2%，其中诸福屯镇、新安镇2个乡镇平均含量超过了1300.00mg/kg，面积为75465.0亩，占全县总耕地面积的16.9%。平均值小于1200.00mg/kg的乡镇有曲阳桥乡、北早现乡、正定镇，面积为173190亩，占全县总耕地面积的38.8%，其中正定镇1个乡镇平均含量低于1100.00mg/kg，面积为71145.0亩，占全县总耕地面积的16.0%。具体的分析结果见表4-100。

表4-100 不同行政区域耕层土壤缓效钾含量的分布特点

乡镇	面积/亩	占总耕地（%）	最小值/（mg/kg）	最大值/（mg/kg）	平均值/（mg/kg）
诸福屯镇	35130.0	7.9	1073.19	1445.29	1332.16
新安镇	40335.0	9.1	1173.27	1468.06	1315.85
南牛乡	40125.0	9.0	957.14	1440.12	1271.19
南楼乡	95940.0	21.5	1035.17	1520.66	1235.54
新城铺镇	34215.0	7.7	1122.01	1400.56	1221.86
西平乐乡	26940.0	6.0	1142.66	1280.23	1209.04
曲阳桥乡	60825.0	13.6	1093.27	1246.14	1171.84
北早现乡	41220.0	9.2	897.66	1316.74	1125.93
正定镇	71145.0	16.0	891.12	1242.74	1091.89

（二）耕层土壤缓效钾含量与土壤质地的关系

利用土壤质地图对土壤缓效钾含量栅格数据进行区域统计发现，土壤缓效钾含量最高的质地是沙质，平均含量达到了1243.72mg/kg，变化幅度为897.66~1507.37mg/kg；而最低的质地为中壤质，平均含量为1137.35mg/kg，变化幅度为986.72~1225.61mg/kg。各质地缓效钾含量平均值由大到小的排列顺序为：沙质、沙壤质、轻壤质、中壤质。具体的分析结果见表4-101。

表4-101 不同土壤质地与耕层土壤缓效钾含量的分布特点　　　　单位：mg/kg

土壤质地	最小值	最大值	平均值
沙质	897.66	1507.37	1243.72
沙壤质	944.79	1520.66	1232.67
轻壤质	891.12	1501.95	1202.95
中壤质	986.72	1225.61	1137.35

（三）耕层土壤缓效钾含量与土类的关系

1. 耕层土壤缓效钾含量与土类的关系

在 3 个土类中，土壤缓效钾含量最高的土类是褐土，平均含量达到了 1226.20 mg/kg，变化幅度为 944.79 ~ 1520.66mg/kg；而最低的土类为潮土，平均含量为 1026.71mg/kg，变化幅度为 891.12 ~ 1228.18mg/kg。各土类缓效钾含量平均值由大到小的排列顺序为：褐土、水稻土、潮土（见表 4-102）。

表 4-102　不同土类耕层土壤缓效钾含量的分布特点　　　　单位：mg/kg

土类	最小值	最大值	平均值
褐土	944.79	1520.66	1226.20
水稻土	986.72	1225.61	1149.19
潮土	891.12	1228.18	1026.71

2. 耕层土壤缓效钾含量与亚类的关系

在 6 个亚类中，土壤缓效钾含量最高的亚类是褐土—褐土性土，平均含量达到了 1253.88mg/kg，变化幅度为 1120.57 ~ 1413.26mg/kg；而最低的亚类为潮土—潮土，平均含量为 919.15mg/kg，变化幅度为 897.66 ~ 1037.99mg/kg。各亚类缓效钾含量平均值由大到小的排列顺序为：褐土—褐土性土、褐土—潮褐土、褐土—石灰性褐土、水稻土—潜育型水稻土、潮土—褐潮土、潮土—潮土（见表 4-103）。

表 4-103　不同亚类耕层土壤缓效钾含量的分布特点　　　　单位：mg/kg

土类	亚类	最小值	最大值	平均值
褐土	褐土性土	1120.57	1413.26	1253.88
褐土	潮褐土	945.78	1520.66	1253.17
褐土	石灰性褐土	944.79	1470.36	1194.75
水稻土	潜育型水稻土	986.72	1225.61	1149.19
潮土	褐潮土	891.12	1228.18	1047.58
潮土	潮土	897.66	1037.99	919.15

3. 耕层土壤缓效钾含量与土属的关系

在 8 个土属中，土壤缓效钾含量最高的土属是褐土—潮褐土—沙质，平均含量达到了 1260.38mg/kg，变化幅度为 1122.15 ~ 1336.92mg/kg；而最低的土属为潮土—潮土—壤质，平均含量为 906.92mg/kg，变化幅度为 898.19 ~ 924.42mg/kg。各土属缓效钾含量平均值由大到小的排列顺序为：褐土—潮褐土—沙质、褐土—褐土性土—沙质、褐土—潮褐土—壤质、褐土—石灰性褐土—壤质、水稻土—潜育型水稻土—壤质、潮土—褐潮土—壤质、潮土—潮土—沙质、潮土—潮土—壤质（见表 4-104）。

表 4 - 104 不同土属耕层土壤缓效钾含量的分布特点   单位：mg/kg

土类	亚类	土属	最小值	最大值	平均值
褐土	潮褐土	沙质	1122.15	1336.92	1260.38
褐土	褐土性土	沙质	1120.57	1413.26	1253.91
褐土	潮褐土	壤质	945.78	1520.66	1253.04
褐土	石灰性褐土	壤质	944.79	1470.36	1194.75
水稻土	潜育型水稻土	壤质	986.72	1225.61	1149.19
潮土	褐潮土	壤质	891.12	1228.18	1047.58
潮土	潮土	沙质	897.66	1037.99	922.47
潮土	潮土	壤质	898.19	924.42	906.92

4. 耕层土壤缓效钾含量与土种的关系

在 17 个土种中，土壤缓效钾含量最高的土种是褐土—潮褐土—壤质—沙壤质潮褐土，平均含量达到了 1337.96mg/kg，变化幅度为 1043.83 ~ 1520.66mg/kg；而最低的土种为潮土—潮土—壤质—浅位厚层沙轻壤质潮土，平均含量为 906.92mg/kg，变化幅度为 898.19 ~ 924.42mg/kg。详细分析结果见表 4 - 105。

表 4 - 105 不同土种耕层土壤缓效钾含量的分布特点   单位：mg/kg

土类	亚类	土属	土种	最小值	最大值	平均值
褐土	潮褐土	壤质	沙壤质潮褐土	1043.83	1520.66	1337.96
褐土	潮褐土	壤质	深位厚层黏轻壤质潮褐土	1321.09	1332.57	1325.99
褐土	潮褐土	壤质	浅位厚层沙轻壤质潮褐土	1100.19	1479.63	1291.82
褐土	潮褐土	壤质	深位厚层沙轻壤质潮褐土	1133.36	1504.92	1277.20
褐土	潮褐土	沙质	沙质潮褐土	1245.63	1336.92	1275.51
褐土	褐土性土	沙质	沙质褐土性土	1120.57	1413.26	1253.91
褐土	潮褐土	壤质	轻壤质潮褐土	945.78	1501.95	1236.55
褐土	潮褐土	沙质	深位厚层轻壤沙质潮褐土	1122.15	1334.33	1233.53
水稻土	潜育型水稻土	壤质	轻壤质潜育型水稻土	1214.89	1222.62	1218.78
褐土	石灰性褐土	壤质	沙壤质石灰性褐土	944.79	1470.36	1207.96
褐土	石灰性褐土	壤质	轻壤质石灰性褐土	1038.12	1283.09	1165.48
褐土	石灰性褐土	壤质	浅位厚层沙轻壤质石灰性褐土	1008.53	1307.46	1142.02
水稻土	潜育型水稻土	壤质	中壤质潜育型水稻土	986.72	1225.61	1137.35
褐土	石灰性褐土	壤质	深位厚层沙轻壤质石灰性褐土	971.46	1355.70	1132.46
潮土	褐潮土	壤质	轻壤质褐潮土	891.12	1228.18	1047.58
潮土	潮土	沙质	沙质潮土	897.66	1037.99	922.47
潮土	潮土	壤质	浅位厚层沙轻壤质潮土	898.19	924.42	906.92

二、耕层土壤缓效钾含量分级及特点

全县耕地土壤缓效钾含量处于 1 ~ 5 级（见表 4 - 106），其中最多的为 3 级，面积 285295.5 亩，占总耕地面积的 64.0%；最少的为 5 级，面积 793.5 亩，占总耕地面积的 0.2%。1 级全部分布在南楼乡。2 级主要分布在新安镇、南牛乡。3 级主要分布在南楼乡、曲阳桥乡、新城铺镇、西平乐乡。4 级主要分布在正定镇、北早现乡、诸福屯镇。5 级主要分布在北早现乡、正定镇。

表 4 - 106　耕地耕层缓效钾含量分级及面积

级别	1	2	3	4	5
范围/（mg/kg）	> 1500	1500 ~ 1300	1300 ~ 1100	1100 ~ 900	≤ 900
耕地面积/亩	1456.5	68217.0	285295.5	90112.5	793.5
占总耕地（%）	0.3	15.3	64.0	20.2	0.2

（一）耕地耕层缓效钾含量 1 级地行政区域分布特点

1 级地面积为 1456.5 亩，占总耕地面积的 0.3%。1 级地全部分布在南楼乡。

（二）耕地耕层缓效钾含量 2 级地行政区域分布特点

2 级地面积为 68217.0 亩，占总耕地面积的 15.3%。新安镇面积为 24311.1 亩，占本级耕地面积的 35.64%；南牛乡面积为 18484.2 亩，占本级耕地面积的 27.10%；南楼乡面积为 13101.0 亩，占本级耕地面积的 19.20%。详细分析结果见表 4 - 107。

表 4 - 107　耕地耕层缓效钾含量 2 级地行政区域分布

乡镇	面积/亩	占本级面积（%）
新安镇	24311.1	35.64
南牛乡	18484.2	27.10
南楼乡	13101.0	19.20
诸福屯镇	6503.6	9.53
曲阳桥乡	3532.4	5.18
新城铺镇	2284.7	3.35

（三）耕地耕层缓效钾含量 3 级地行政区域分布特点

3 级地面积为 285295.5 亩，占总耕地面积的 64.0%。3 级地主要分布在南楼乡，面积为 75932.4 亩，占本级耕地面积的 26.62%；曲阳桥乡面积为 52446.9 亩，占本级耕地面积的 18.38%；新城铺镇面积为 31930.4 亩，占本级耕地面积的 11.19%。详细分析结果见表 4 - 108。

表 4 - 108　耕地耕层缓效钾含量 3 级地行政区域分布

乡镇	面积/亩	占本级面积（%）
南楼乡	75932.4	26.62
曲阳桥乡	52446.9	18.38
新城铺镇	31930.4	11.19
西平乐乡	26940.0	9.44
正定镇	25642.8	8.99
北早现乡	23435.3	8.22
南牛乡	18353.6	6.43
新安镇	16023.8	5.62
诸福屯镇	14590.3	5.11

（四）耕地耕层缓效钾含量 4 级地行政区域分布特点

4 级地面积为 90112.5 亩，占总耕地面积的 20.2%。4 级地主要分布在正定镇，面积为 45307.7 亩，占本级耕地面积的 50.28%；北早现乡面积为 17204.3 亩，占本级耕地面积的 19.09%；诸福屯镇面积为 14036.4 亩，占本级耕地面积的 15.58%。详细分析结果见表 4 - 109。

表 4 - 109　耕地耕层缓效钾含量 4 级地行政区域分布

乡镇	面积/亩	占本级面积（%）
正定镇	45307.7	50.28
北早现乡	17204.3	19.09
诸福屯镇	14036.4	15.58
南楼乡	5431.4	6.03
曲阳桥乡	4845.5	5.38
南牛乡	3287.2	3.64

（五）耕地耕层缓效钾含量 5 级地行政区域分布特点

5 级地面积为 793.5 亩，占总耕地面积的 0.2%。5 级地主要分布在北早现乡，面积为 580.7 亩，占本级耕地面积的 74.93%；正定镇面积为 212.8 亩，占本级耕地面积的 25.07%。详细分析结果见表 4 - 110。

表 4 - 110　耕地耕层缓效钾含量 5 级地行政区域分布

乡镇	面积/亩	占本级面积（%）
北早现乡	580.7	74.93
正定镇	212.8	25.07

第五章 耕地地力评价

本次耕地地力调查，结合正定县的实际情况，共选取 7 个对耕地地力影响比较大、区域内变异明显、在时间序列上具有相对稳定性、与农业生产有密切关系的因素，建立评价指标体系。以 1 : 50000 土壤图、土地利用现状图、行政区划图 3 种图件叠加形成的图斑为评价单元。应用农业部统一提供的软件对全县耕地进行评价，正定县耕地等级共划分为 6 级地，耕地地力等级为 1~6 级。

第一节 耕地地力分级

一、面积统计

利用 ARC/INFO 软件，对评价图属性进行空间分析，检索统计耕地各等级的面积及图幅总面积。2010 年正定县耕地总面积 445875 亩为基准，按面积比例进行平差，计算各耕地地力等级面积。

正定县耕地总面积为 445875 亩，其中 1 级地 104280.0 亩，占耕地总面积的 23.4%；2 级地 96375.0 亩，占耕地总面积的 21.6%；3 级地 96043.5 亩，占耕地总面积的 21.5%；4 级地 77445.0 亩，占耕地总面积的 17.4%；5 级地 65364.0 亩，占耕地总面积的 14.7%；6 级地 6367.5 亩，占耕地总面积的 1.4%（见表 5-1）。

表 5-1 耕地地力评价结果

等级	耕地面积/亩	占总耕地（%）
1	104280.0	23.4
2	96375.0	21.6
3	96043.5	21.5
4	77445.0	17.4
5	65364.0	14.7
6	6367.5	1.4

二、地域分布

（一）耕地地力等级地域分布

从等级分布图上可以看出，1 级、2 级地集中分布在正定县北部和南部地区，该区地势平坦，水利设施良好、土壤质地多为轻壤质，土壤有机质含量高；3级、4级地主要分布在中部地区；5级、6级地主要分布在南部地区，土壤质地多为沙质。另外，从等级的分布地域特征可以看出，等级的高低与土壤质地之间存在着密切的关系，呈现出明显的地域分布规律：随着耕地地力等级的升高，土壤质由轻壤质土、沙壤质土向着沙质土转化（见表5-2~表5-10）。

表5-2　正定镇耕地地力等级统计表

级别	面积/亩	百分比（%）
1	31312.5	44.0
2	6409.5	9.0
3	15151.5	21.3
4	5359.5	7.5
5	11296.5	15.9
6	1615.5	2.3

表5-3　诸福屯镇耕地地力等级统计表

级别	面积/亩	百分比（%）
1	693.0	2.0
2	17263.5	49.1
3	4107.0	11.7
4	9634.5	27.4
5	3432.0	9.8

表5-4　北早现乡耕地地力等级统计表

级别	面积/亩	百分比（%）
1	17464.5	42.4
2	2622.0	6.4
3	15714.0	38.1
4	1621.5	3.9
5	2710.5	6.6
6	1087.5	2.6

表 5 - 5   新城铺镇耕地地力等级统计表

级别	面积/亩	百分比（%）
1	451.5	1.3
2	24493.5	71.6
3	829.5	2.4
4	4998.0	14.6
5	2787.0	8.2
6	655.5	1.9

表 5 - 6   新安镇耕地地力等级统计表

级别	面积/亩	百分比（%）
1	19068.0	47.3
2	400.5	1.0
3	15511.5	38.5
4	4456.5	11.0
5	370.5	0.9
6	528.0	1.3

表 5 - 7   曲阳桥乡耕地地力等级统计表

级别	面积/亩	百分比（%）
1	16530.0	27.2
2	519.0	0.9
3	8419.5	13.8
4	25287.0	41.6
5	9817.5	16.1
6	252.0	0.4

表 5 - 8   西平乐乡耕地地力等级统计表

级别	面积/亩	百分比（%）
1	0.0	0.0
2	21075.0	78.2
3	2520.0	9.4
4	2056.5	7.6
5	1288.5	4.8

表 5-9　南楼乡耕地地力等级统计表

级别	面积/亩	百分比（%）
1	8529.0	8.9
2	22086.0	23.0
3	11302.5	11.8
4	20745.0	21.6
5	31048.5	32.4
6	2229.0	2.3

表 5-10　南牛乡耕地地力等级统计表

级别	面积/亩	百分比（%）
1	10231.5	25.5
2	1506.0	3.8
3	22488.0	56.0
4	3286.5	8.2
5	2613.0	6.5

第二节　耕地地力等级分述

一、1级地

（一）面积与分布

将耕地地力等级分布图与行政区划图进行叠加分析，从耕地地力等级行政区域分布数据库中按权属字段检索出各等级的记录，统计各级地在各乡镇的分布状况。全县 1 级地，综合评价指数为 0.95882 ~ 0.86，耕地面积 104280.0 亩，占耕地总面积的 23.4%；分析结果见表 5-11。

表 5-11　1 级地行政区划分布

乡镇	面积/亩	占本级耕地（%）
正定镇	31312.5	30.0
新安镇	19068.0	18.3
北早现乡	17464.5	16.7
曲阳桥乡	16530.0	15.9
南牛乡	10231.5	9.8
南楼乡	8529.0	8.2

乡镇	面积/亩	占本级耕地（%）
诸福屯镇	693.0	0.7
新城铺镇	451.5	0.4
西平乐乡	0.0	0.0

（二）主要属性分析

1. 有机质含量

利用地力等级图对土壤有机质含量栅格数据进行区域统计得知，全县1级地土壤有机质含量平均为21.3g/kg，变化幅度为13.17~26.87g/kg。

利用行政区划图与地力等级图叠加联合形成行政区划地力等级综合图，对土壤有机质含量栅格数据进行区域统计得知，1级地中，土壤有机质含量（平均值）最高的乡镇是新城铺镇，最低的乡镇是南楼乡，统计结果见表5-12。

表5-12 有机质1级地行政区划分布 单位：g/kg

乡镇	最大值	最小值	平均值
新城铺镇	25.08	21.10	23.89
正定镇	26.87	13.17	22.42
诸福屯镇	23.22	21.45	22.14
北早现乡	26.18	16.75	21.87
新安镇	25.35	14.48	20.60
曲阳桥乡	26.85	16.05	20.05
南牛乡	20.79	15.22	19.08
南楼乡	22.94	14.70	19.01

2. 全氮含量

利用地力等级图对土壤全氮含量栅格数据进行区域统计得知，全县1级地土壤全氮含量平均为1.1g/kg，变化幅度为0.70~1.47g/kg。

利用行政区划图与地力等级图叠加联合形成行政区划地力等级综合图，对土壤全氮含量栅格数据进行区域统计得知，1级地中，土壤全氮含量（平均值）最高的乡镇是新城铺镇，最低的乡镇是南楼乡，统计结果见表5-13。

表 5 – 13　全氮 1 级地行政区划分布　　　　　　　　单位：g/kg

乡镇	最大值	最小值	平均值
新城铺镇	1.33	1.27	1.29
曲阳桥乡	1.33	0.71	1.18
正定镇	1.42	0.74	1.18
诸福屯镇	1.22	1.06	1.15
北早现乡	1.33	0.8	1.14
新安镇	1.47	0.7	1.08
南牛乡	1.29	0.88	1.06
南楼乡	1.19	0.93	1.03

3. 有效磷含量

利用地力等级图对土壤有效磷含量栅格数据进行区域统计得知，全县 1 级地土壤有效磷含量平均为 30.7mg/kg，变化幅度为 13.44 ~ 118.58mg/kg。

利用行政区划图与地力等级图叠加联合形成行政区划地力等级综合图，对土壤有效磷含量栅格数据进行区域统计得知，1 级地中，土壤有效磷含量（平均值）最高的乡镇是新城铺镇，最低的乡镇是南牛乡，统计结果见表 5 – 14。

表 5 – 14　有效磷 1 级地行政区划分布　　　　　　　　单位：mg/kg

乡镇	最大值	最小值	平均值
新城铺镇	52.25	34.30	46.64
诸福屯镇	118.58	23.60	43.99
南楼乡	58.36	19.17	39.35
新安镇	65.53	18.54	34.12
曲阳桥乡	73.62	14.04	31.28
北早现乡	61.72	13.44	28.27
正定镇	73.92	14.70	27.48
南牛乡	36.87	16.68	27.26

4. 速效钾含量

利用地力等级图对土壤速效钾含量栅格数据进行区域统计得知，全县 1 级地土壤速效钾含量平均为 154.1mg/kg，变化幅度为 74.50 ~ 390.50mg/kg。

利用行政区划图与地力等级图叠加联合形成行政区划地力等级综合图，对土壤速效钾含量栅格数据进行区域统计得知，1 级地中，土壤速效钾含量（平均值）最高的乡镇是北早现乡，最低的乡镇是新城铺镇，统计结果见表 5 – 15。

表 5 – 15　速效钾 1 级地行政区划分布　　　　　　　　　单位：mg/kg

乡镇	最大值	最小值	平均值
北早现乡	390.50	77.00	190.50
正定镇	220.00	77.73	154.50
南牛乡	185.00	116.00	149.04
南楼乡	378.50	77.00	148.35
诸福屯镇	166.00	104.71	144.61
曲阳桥乡	389.50	74.50	143.00
新安镇	220.00	84.00	136.36
新城铺镇	129.00	105.00	122.20

5. 碱解氮含量

利用地力等级图对土壤碱解氮含量栅格数据进行区域统计得知，全县 1 级地土壤碱解氮含量平均为 117.1mg/kg，变化幅度为 69.13 ~ 155.02mg/kg。

利用行政区划图与地力等级图叠加联合形成行政区划地力等级综合图，对土壤碱解氮含量栅格数据进行区域统计得知，1 级地中，土壤碱解氮含量（平均值）最高的乡镇是诸福屯镇，最低的乡镇是南牛乡，统计结果见表 5 – 16。

表 5 – 16　碱解氮 1 级地行政区划分布　　　　　　　　　单位：mg/kg

乡镇	最大值	最小值	平均值
诸福屯镇	137.13	112.81	127.45
新安镇	155.02	97.58	127.34
南楼乡	141.47	82.74	122.10
正定镇	149.38	69.13	118.97
新城铺镇	122.30	116.07	116.97
北早现乡	140.21	85.90	106.73
曲阳桥乡	133.07	86.97	106.37
南牛乡	116.53	97.51	105.60

6. 有效铜含量

利用地力等级图对土壤有效铜含量栅格数据进行区域统计得知，全县 1 级地土壤有效铜含量平均为 1.2mg/kg，变化幅度为 0.64 ~ 2.36mg/kg。

利用行政区划图与地力等级图叠加联合形成行政区划地力等级综合图，对土壤有效铜含量栅格数据进行区域统计得知，1 级地中，土壤有效铜含量（平均值）最高的乡镇是新城铺镇，最低的乡镇是南牛乡，统计结果见表 5 – 17。

表 5 – 17　有效铜 1 级地行政区划分布　　　　　　单位：mg/kg

乡镇	最大值	最小值	平均值
新城铺镇	2.10	1.25	1.96
北早现乡	2.25	0.71	1.28
新安镇	2.28	0.73	1.21
正定镇	1.77	0.61	1.19
诸福屯镇	1.99	0.86	1.18
南楼乡	2.36	0.69	1.14
曲阳桥乡	1.87	0.64	1.05
南牛乡	1.49	0.66	0.97

7. 有效铁含量

利用地力等级图对土壤有效铁含量栅格数据进行区域统计得知，全县 1 级地土壤有效铁含量平均为 15.3mg/kg，变化幅度为 6.53 ~ 25.61mg/kg。

利用行政区划图与地力等级图叠加联合形成行政区划地力等级综合图，对土壤有效铁含量栅格数据进行区域统计得知，1 级地中，土壤有效铁含量（平均值）最高的乡镇是南楼乡，最低的乡镇是诸福屯镇，统计结果见表 5 – 18。

表 5 – 18　有效铁 1 级地行政区划分布　　　　　　单位：mg/kg

乡镇	最大值	最小值	平均值
南楼乡	24.64	13.49	18.89
新安镇	25.61	10.36	18.08
北早现乡	24.71	10.64	16.20
曲阳桥乡	25.29	8.85	15.03
南牛乡	16.72	12.47	13.96
正定镇	18.06	6.53	12.90
新城铺镇	14.27	12.00	12.65
诸福屯镇	13.55	7.48	11.16

8. 有效锰含量

利用地力等级图对土壤有效锰含量栅格数据进行区域统计得知，全县 1 级地土壤有效锰含量平均为 15.3mg/kg，变化幅度为 6.79 ~ 37.01mg/kg。

利用行政区划图与地力等级图叠加联合形成行政区划地力等级综合图，对土壤有效锰含量栅格数据进行区域统计得知，1 级地中，土壤有效锰含量（平均值）最高的乡镇是新安镇，最低的乡镇是南牛乡，统计结果见表 5 – 19。

表 5-19　有效锰 1 级地行政区划分布　　　　　　单位：mg/kg

乡镇	最大值	最小值	平均值
新安镇	37.01	9.49	22.58
新城铺镇	21.94	17.60	19.50
南楼乡	20.57	12.15	16.64
诸福屯镇	17.28	13.50	13.94
曲阳桥乡	22.30	8.62	13.36
正定镇	17.07	6.79	12.95
北早现乡	19.55	8.92	12.71
南牛乡	16.70	7.76	11.28

9. 有效锌含量

利用地力等级图对土壤有效锌含量栅格数据进行区域统计得知，全县 1 级地土壤有效锌含量平均为 4.1mg/kg，变化幅度为 1.50~8.18mg/kg。

利用行政区划图与地力等级图叠加联合形成行政区划地力等级综合图，对土壤有效锌含量栅格数据进行区域统计得知，1 级地中，土壤有效锌含量（平均值）最高的乡镇是新城铺镇，最低的乡镇是新安镇，统计结果见表 5-20。

表 5-20　有效锌 1 级地行政区划分布　　　　　　单位：mg/kg

乡镇	最大值	最小值	平均值
新城铺镇	8.18	4.50	7.28
南楼乡	7.20	1.50	4.96
北早现乡	7.01	2.18	4.67
正定镇	6.79	1.73	4.35
曲阳桥乡	7.01	2.18	4.09
诸福屯镇	3.70	2.47	3.22
南牛乡	4.17	2.57	3.17
新安镇	4.24	1.67	2.76

10. 水溶态硼含量

利用地力等级图对土壤水溶态硼含量栅格数据进行区域统计得知，全县 1 级地土壤水溶态硼含量平均为 0.8mg/kg，变化幅度为 0.32~10.10mg/kg。

利用行政区划图与地力等级图叠加联合形成行政区划地力等级综合图，对土壤水溶态硼含量栅格数据进行区域统计得知，1 级地中，土壤水溶态硼含量（平均值）最高的乡镇是曲阳桥乡，最低的乡镇是南牛乡，统计结果见表 5-21。

表 5 – 21   水溶性硼 1 级地行政区划分布   单位：mg/kg

乡镇	最大值	最小值	平均值
曲阳桥乡	10.10	0.43	1.57
新安镇	3.34	0.44	0.88
诸福屯镇	3.41	0.60	0.76
新城铺镇	0.84	0.63	0.75
正定镇	5.74	0.47	0.70
北早现乡	4.73	0.40	0.63
南楼乡	0.65	0.32	0.47
南牛乡	0.54	0.36	0.41

11. 缓效钾含量

利用地力等级图对土壤缓效钾含量栅格数据进行区域统计得知，全县 1 级地土壤缓效钾含量平均为 1175.0mg/kg，变化幅度为 899.05 ~ 1468.06mg/kg。

利用行政区划图与地力等级图叠加联合形成行政区划地力等级综合图，对土壤缓效钾含量栅格数据进行区域统计得知，1 级地中，土壤缓效钾含量（平均值）最高的乡镇是新安镇，最低的乡镇是正定镇，统计结果见表 5 – 22。

表 5 – 22   缓效钾 1 级地行政区划分布   单位：mg/kg

乡镇	最大值	最小值	平均值
新安镇	1468.06	1210.58	1333.85
南牛乡	1355.70	1054.33	1296.93
曲阳桥乡	1228.18	1122.27	1166.99
南楼乡	1253.02	1035.17	1122.38
北早现乡	1253.46	899.05	1082.66
正定镇	1179.97	909.27	1058.35

二、2 级地

（一）面积与分布

将耕地地力等级分布图与行政区划图进行叠加分析，从耕地地力等级行政区域分布数据库中按权属字段检索出各等级的记录，统计各级地在各乡镇的分布状况。全县 2 级地，综合评价指数为 0.85963 ~ 0.82024，耕地面积 96375.0 亩，占耕地总面积的 21.6%；分析结果见表 5 – 23。

表 5 - 23 2 级地行政区划分布

乡镇	面积/亩	占本级耕地（%）
新城铺镇	24493.5	25.4
南楼乡	22086.0	22.9
西平乐乡	21075.0	21.9
诸福屯镇	17263.5	17.9
正定镇	6409.5	6.7
北早现乡	2622.0	2.7
南牛乡	1506.0	1.6
曲阳桥乡	519.0	0.5
新安镇	400.5	0.4

（二）主要属性分析

1. 有机质含量

利用地力等级图对土壤有机质含量栅格数据进行区域统计得知，全县 2 级地土壤有机质含量平均为 20.2g/kg，变化幅度为 10.53 ~ 27.50g/kg。

利用行政区划图与地力等级图叠加联合形成行政区划地力等级综合图，对土壤有机质含量栅格数据进行区域统计得知，2 级地中，土壤有机质含量（平均值）最高的乡镇是诸福屯镇，最低的乡镇是南牛乡，统计结果见表 5 - 24。

表 5 - 24 有机质 2 级地行政区划分布　　　　　　　　单位：g/kg

乡镇	最大值	最小值	平均值
诸福屯镇	25.50	10.53	21.53
正定镇	26.95	15.65	21.19
新城铺镇	27.50	16.87	20.62
北早现乡	24.34	16.79	20.53
新安镇	23.05	17.29	20.21
西平乐乡	27.20	16.00	19.77
南楼乡	23.13	14.61	19.44
曲阳桥乡	21.17	16.49	18.71
南牛乡	21.76	14.80	17.91

2. 全氮含量

利用地力等级图对土壤全氮含量栅格数据进行区域统计得知，全县 2 级地土壤全氮含量平均为 1.1g/kg，变化幅度为 0.71 ~ 1.61g/kg。

利用行政区划图与地力等级图叠加联合形成行政区划地力等级综合图，对土壤全氮含量栅格数据进行区域统计得知，2 级地中，土壤全氮含量（平均值）最高的乡镇是新城铺镇，最低的乡镇是新安镇，统计结果见表 5 - 25。

表 5 - 25　全氮 2 级地行政区划分布　　　　　　　　　单位：g/kg

乡镇	最大值	最小值	平均值
新城铺镇	1.61	0.88	1.20
诸福屯镇	1.27	1.07	1.19
曲阳桥乡	1.24	1.05	1.18
南牛乡	1.31	0.9	1.09
南楼乡	1.22	0.78	1.04
西平乐乡	1.35	0.67	1.01
正定镇	1.38	0.74	1.01
北早现乡	1.21	0.71	0.86
新安镇	0.82	0.65	0.73

3. 有效磷含量

利用地力等级图对土壤有效磷含量栅格数据进行区域统计得知，全县 2 级地土壤有效磷含量平均为 40.2mg/kg，变化幅度为 9.72 ~ 193.80mg/kg。

利用行政区划图与地力等级图叠加联合形成行政区划地力等级综合图，对土壤有效磷含量栅格数据进行区域统计得知，2 级地中，土壤有效磷含量（平均值）最高的乡镇是诸福屯镇，最低的乡镇是北早现乡，统计结果见表 5 - 26。

表 5 - 26　有效磷 2 级地行政区划分布　　　　　　　　　单位：mg/kg

乡镇	最大值	最小值	平均值
诸福屯镇	193.80	15.44	90.18
西平乐乡	76.96	13.19	35.82
南楼乡	56.26	18.64	35.06
新城铺镇	61.96	9.72	31.50
南牛乡	53.73	16.48	30.59
曲阳桥乡	33.57	9.90	23.33
北早现乡	46.49	14.69	22.64
正定镇	37.25	12.17	22.02
新安镇	30.99	14.56	20.93

4. 速效钾含量

利用地力等级图对土壤速效钾含量栅格数据进行区域统计得知，全县 2 级地土壤速效钾含量平均为 104.7mg/kg，变化幅度为 19.74～218.00mg/kg。

利用行政区划图与地力等级图叠加联合形成行政区划地力等级综合图，对土壤速效钾含量栅格数据进行区域统计得知，2 级地中，土壤速效钾含量（平均值）最高的乡镇是新安镇，最低的乡镇是诸福屯镇，统计结果见表 5－27。

表 5－27　速效钾 2 级地行政区划分布　　　　　　单位：mg/kg

乡镇	最大值	最小值	平均值
新安镇	174.50	94.50	127.54
南牛乡	167.00	87.50	127.17
北早现乡	218.00	93.00	123.55
正定镇	195.00	78.00	118.48
曲阳桥乡	148.00	79.00	104.16
南楼乡	164.50	65.00	101.13
新城铺镇	167.50	66.00	99.34
西平乐乡	127.50	72.50	97.50
诸福屯镇	169.51	19.74	91.80

5. 碱解氮含量

利用地力等级图对土壤碱解氮含量栅格数据进行区域统计得知，全县 2 级地土壤碱解氮含量平均为 103.8mg/kg，变化幅度为 71.07～139.30mg/kg。

利用行政区划图与地力等级图叠加联合形成行政区划地力等级综合图，对土壤碱解氮含量栅格数据进行区域统计得知，2 级地中，土壤碱解氮含量（平均值）最高的乡镇是新安镇，最低的乡镇是诸福屯镇，统计结果见表 5－28。

表 5－28　碱解氮 2 级地行政区划分布　　　　　　单位：mg/kg

乡镇	最大值	最小值	平均值
新安镇	138.81	93.21	113.77
新城铺镇	139.30	87.06	113.40
南牛乡	134.54	75.61	109.66
正定镇	118.61	96.90	107.83
北早现乡	132.02	96.13	106.42
南楼乡	131.32	71.07	102.02
曲阳桥乡	126.07	88.91	100.69
西平乐乡	110.25	84.05	95.55
诸福屯镇	128.69	42.93	89.36

6. 有效铜含量

利用地力等级图对土壤有效铜含量栅格数据进行区域统计得知，全县 2 级地土壤有效铜含量平均为 1.5mg/kg，变化幅度为 0.50~8.53mg/kg。

利用行政区划图与地力等级图叠加联合形成行政区划地力等级综合图，对土壤有效铜含量栅格数据进行区域统计得知，2 级地中，土壤有效铜含量（平均值）最高的乡镇是新城铺镇，最低的乡镇是曲阳桥乡，统计结果见表 5-29。

表 5-29　有效铜 2 级地行政区划分布　　　　单位：mg/kg

乡镇	最大值	最小值	平均值
新城铺镇	7.08	0.77	1.97
南牛乡	8.53	0.76	1.80
诸福屯镇	2.81	0.58	1.66
西平乐乡	7.16	0.50	1.35
北早现乡	2.32	0.90	1.18
新安镇	1.43	0.85	1.14
南楼乡	2.41	0.61	1.10
正定镇	1.46	0.62	1.03
曲阳桥乡	1.05	0.70	0.86

7. 有效铁含量

利用地力等级图对土壤有效铁含量栅格数据进行区域统计得知，全县 2 级地土壤有效铁含量平均为 13.5mg/kg，变化幅度为 1.97~24.93mg/kg。

利用行政区划图与地力等级图叠加联合形成行政区划地力等级综合图，对土壤有效铁含量栅格数据进行区域统计得知，2 级地中，土壤有效铁含量（平均值）最高的乡镇是南楼乡，最低的乡镇是诸福屯镇，统计结果见表 5-30。

表 5-30　有效铁 2 级地行政区划分布　　　　单位：mg/kg

乡镇	最大值	最小值	平均值
南楼乡	24.93	11.33	17.04
北早现乡	20.01	11.50	15.15
南牛乡	20.01	10.67	14.95
新城铺镇	20.18	9.48	14.79
正定镇	16.99	10.18	13.25
西平乐乡	17.99	8.35	13.16
新安镇	16.33	9.60	12.93
曲阳桥乡	16.89	10.59	12.37
诸福屯镇	13.90	1.97	7.10

8. 有效锰含量

利用地力等级图对土壤有效锰含量栅格数据进行区域统计得知，全县 2 级地土壤有效锰含量平均为 15.2mg/kg，变化幅度为 6.81 ~ 40.16mg/kg。

利用行政区划图与地力等级图叠加联合形成行政区划地力等级综合图，对土壤有效锰含量栅格数据进行区域统计得知，2 级地中，土壤有效锰含量（平均值）最高的乡镇是南楼乡，最低的乡镇是诸福屯镇，统计结果见表 5 – 31。

表 5 – 31　有效锰 2 级地行政区划分布　　　　单位：mg/kg

乡镇	最大值	最小值	平均值
南楼乡	40.16	10.27	19.78
新城铺镇	29.51	9.40	17.68
新安镇	25.28	8.28	14.54
南牛乡	23.15	7.80	14.43
西平乐乡	18.06	8.41	13.71
北早现乡	21.98	9.61	12.52
正定镇	17.23	6.81	12.23
曲阳桥乡	13.02	9.13	11.64
诸福屯镇	15.43	7.31	10.96

9. 有效锌含量

利用地力等级图对土壤有效锌含量栅格数据进行区域统计得知，全县 2 级地土壤有效锌含量平均为 3.5mg/kg，变化幅度为 0.83 ~ 7.96mg/kg。

利用行政区划图与地力等级图叠加联合形成行政区划地力等级综合图，对土壤有效锌含量栅格数据进行区域统计得知，2 级地中，土壤有效锌含量（平均值）最高的乡镇是新城铺镇，最低的乡镇是诸福屯镇，统计结果见表 5 – 32。

表 5 – 32　有效锌 2 级地行政区划分布　　　　单位：mg/kg

乡镇	最大值	最小值	平均值
新城铺镇	7.96	1.23	4.36
西平乐乡	6.55	1.23	4.08
北早现乡	4.81	2.16	3.98
正定镇	5.58	1.57	3.58
南牛乡	5.58	2.03	3.53
曲阳桥乡	4.79	2.39	3.47
新安镇	4.03	1.95	2.79
南楼乡	5.94	0.89	2.74
诸福屯镇	3.49	0.83	2.09

10. 水溶态硼含量

利用地力等级图对土壤水溶态硼含量栅格数据进行区域统计得知，全县 2 级地土壤水溶态硼含量平均为 1.2mg/kg，变化幅度为 0.25~6.78mg/kg。

利用行政区划图与地力等级图叠加联合形成行政区划地力等级综合图，对土壤水溶态硼含量栅格数据进行区域统计得知，2 级地中，土壤水溶态硼含量（平均值）最高的乡镇是诸福屯镇，最低的乡镇是南楼乡，统计结果见表 5-33。

表 5-33　水溶态硼 2 级地行政区划分布　　　　　单位：mg/kg

乡镇	最大值	最小值	平均值
诸福屯镇	6.60	0.47	3.32
南牛乡	6.78	0.36	2.24
曲阳桥乡	4.77	0.48	1.36
新安镇	2.88	0.48	1.13
正定镇	2.94	0.48	0.91
北早现乡	2.86	0.48	0.66
新城铺镇	0.88	0.42	0.65
西平乐乡	0.80	0.36	0.53
南楼乡	0.71	0.25	0.47

11. 缓效钾含量

利用地力等级图对土壤缓效钾含量栅格数据进行区域统计得知，全县 2 级地土壤缓效钾含量平均为 1211.6mg/kg，变化幅度为 891.12~1440.43mg/kg。

利用行政区划图与地力等级图叠加联合形成行政区划地力等级综合图，对土壤缓效钾含量栅格数据进行区域统计得知，2 级地中，土壤缓效钾含量（平均值）最高的乡镇是南牛乡，最低的乡镇是正定镇，统计结果见表 5-34。

表 5-34　缓效钾 2 级地行政区划分布　　　　　单位：mg/kg

乡镇	最大值	最小值	平均值
南牛乡	1439.87	989.31	1309.33
新安镇	1440.43	1199.75	1274.83
新城铺镇	1400.13	1122.01	1221.60
西平乐乡	1246.47	1141.40	1205.28
诸福屯镇	1267.51	1108.27	1202.72
南楼乡	1398.09	1043.83	1202.42
曲阳桥乡	1225.61	1157.10	1187.51
北早现乡	1293.35	1053.13	1135.19
正定镇	1235.39	891.12	1114.86

三、3 级地

（一）面积与分布

将耕地地力等级分布图与行政区划图进行叠加分析，从耕地地力等级行政区域分布数据库中按权属字段检索出各等级的记录，统计各级地在各乡镇的分布状况。全县 3 级地，综合评价指数为 0.81952 ~ 0.62016，耕地面积 96043.5 亩，占耕地总面积的 21.5%；分析结果见表 5-35。

表 5-35　3 级地行政区划分布

乡镇	面积/亩	占本级耕地（%）
南牛乡	22488.0	23.4
北早现乡	15714.0	16.3
新安镇	15511.5	16.1
正定镇	15151.5	15.8
南楼乡	11302.5	11.8
曲阳桥乡	8419.5	8.8
诸福屯镇	4107.0	4.3
西平乐乡	2520.0	2.6
新城铺镇	829.5	0.9

（二）主要属性分析

1. 有机质含量

利用地力等级图对土壤有机质含量栅格数据进行区域统计得知，全县 3 级地土壤有机质含量平均为 20.5g/kg，变化幅度为 12.34 ~ 27.71g/kg。

利用行政区划图与地力等级图叠加联合形成行政区划地力等级综合图，对土壤有机质含量栅格数据进行区域统计得知，3 级地中，土壤有机质含量（平均值）最高的乡镇是正定镇，最低的乡镇是西平乐乡，统计结果见表 5-36。

表 5-36　有机质 3 级地行政区划分布　　　　　　　　单位：g/kg

乡镇	最大值	最小值	平均值
正定镇	27.71	16.17	23.51
诸福屯镇	25.45	18.82	22.26
新城铺镇	23.48	19.92	21.95
北早现乡	24.52	16.19	20.79
南牛乡	23.07	14.30	19.96
新安镇	25.30	12.27	19.49
曲阳桥乡	23.81	15.32	18.94
南楼乡	23.10	13.57	18.60
西平乐乡	20.53	12.34	16.81

2. 全氮含量

利用地力等级图对土壤全氮含量栅格数据进行区域统计得知，全县 3 级地土壤全氮含量平均为 1.1g/kg，变化幅度为 0.65 ~ 1.56g/kg。

利用行政区划图与地力等级图叠加联合形成行政区划地力等级综合图，对土壤全氮含量栅格数据进行区域统计得知，3 级地中，土壤全氮含量（平均值）最高的乡镇是新城铺镇，最低的乡镇是西平乐乡，统计结果见表 5 - 37。

表 5 - 37　全氮 3 级地行政区划分布　　　　　　　　单位：g/kg

乡镇	最大值	最小值	平均值
新城铺镇	1.56	1.35	1.47
正定镇	1.44	0.76	1.22
诸福屯镇	1.31	1.07	1.19
曲阳桥乡	1.26	0.78	1.16
南牛乡	1.41	0.9	1.15
北早现乡	1.26	0.76	1.06
新安镇	1.47	0.65	1.04
南楼乡	1.22	0.81	0.99
西平乐乡	1.14	0.66	0.85

3. 有效磷含量

利用地力等级图对土壤有效磷含量栅格数据进行区域统计得知，全县 3 级地土壤有效磷含量平均为 28.1mg/kg，变化幅度为 9.36 ~ 70.15mg/kg。

利用行政区划图与地力等级图叠加联合形成行政区划地力等级综合图，对土壤有效磷含量栅格数据进行区域统计得知，3 级地中，土壤有效磷含量（平均值）最高的乡镇是南楼乡，最低的乡镇是正定镇，统计结果见表 5 - 38。

表 5 - 38　有效磷 3 级地行政区划分布　　　　　　单位：mg/kg

乡镇	最大值	最小值	平均值
南楼乡	55.91	15.38	35.35
诸福屯镇	70.15	23.36	35.09
新安镇	65.02	10.84	30.45
南牛乡	43.73	23.27	30.32
西平乐乡	39.21	13.16	27.41
新城铺镇	54.19	9.36	25.94
北早现乡	59.93	11.57	25.35
曲阳桥乡	45.77	9.46	24.65
正定镇	49.57	11.25	23.93

4. 速效钾含量

利用地力等级图对土壤速效钾含量栅格数据进行区域统计得知，全县 3 级地土壤速效钾含量平均为 132.3mg/kg，变化幅度为 62.00～378.50mg/kg。

利用行政区划图与地力等级图叠加联合形成行政区划地力等级综合图，对土壤速效钾含量栅格数据进行区域统计得知，3 级地中，土壤速效钾含量（平均值）最高的乡镇是诸福屯镇，最低的乡镇是西平乐乡，统计结果见表 5－39。

表 5－39　速效钾 3 级地行政区划分布　　　　单位：mg/kg

乡镇	最大值	最小值	平均值
诸福屯镇	204.50	104.67	160.81
北早现乡	378.50	79.00	158.50
正定镇	220.50	75.26	146.01
新安镇	220.00	73.00	132.42
南牛乡	144.50	100.00	122.41
曲阳桥乡	259.50	63.50	109.32
南楼乡	260.00	62.00	104.38
新城铺镇	126.50	81.00	100.74
西平乐乡	120.00	69.50	91.80

5. 碱解氮含量

利用地力等级图对土壤碱解氮含量栅格数据进行区域统计得知，全县 3 级地土壤碱解氮含量平均为 111.6mg/kg，变化幅度为 78.32～156.35mg/kg。

利用行政区划图与地力等级图叠加联合形成行政区划地力等级综合图，对土壤碱解氮含量栅格数据进行区域统计得知，3 级地中，土壤碱解氮含量（平均值）最高的乡镇是诸福屯镇，最低的乡镇是南楼乡，统计结果见表 5－40。

表 5－40　碱解氮 3 级地行政区划分布　　　　单位：mg/kg

乡镇	最大值	最小值	平均值
诸福屯镇	137.13	83.84	121.70
北早现乡	137.80	87.23	119.07
新安镇	156.35	91.07	116.92
正定镇	147.21	92.05	111.41
西平乐乡	134.16	88.62	111.38
南牛乡	125.06	92.67	110.85
新城铺镇	130.31	93.17	110.22
曲阳桥乡	121.88	84.38	101.63
南楼乡	139.02	78.32	98.77

6. 有效铜含量

利用地力等级图对土壤有效铜含量栅格数据进行区域统计得知，全县 3 级地土壤有效铜含量平均为 1.1mg/kg，变化幅度为 0.62～2.65mg/kg。

利用行政区划图与地力等级图叠加联合形成行政区划地力等级综合图，对土壤有效铜含量栅格数据进行区域统计得知，3 级地中，土壤有效铜含量（平均值）最高的乡镇是新城铺镇，最低的乡镇是曲阳桥乡，统计结果见表 5 - 41。

表 5 - 41　有效铜 3 级地行政区划分布　　单位：mg/kg

乡镇	最大值	最小值	平均值
新城铺镇	2.65	0.91	1.64
西平乐乡	1.48	0.84	1.24
北早现乡	2.37	0.76	1.18
正定镇	1.58	0.71	1.18
南牛乡	2.41	0.69	1.17
新安镇	1.93	0.71	1.12
诸福屯镇	1.43	0.86	1.07
南楼乡	2.34	0.62	0.97
曲阳桥乡	1.44	0.63	0.91

7. 有效铁含量

利用地力等级图对土壤有效铁含量栅格数据进行区域统计得知，全县 3 级地土壤有效铁含量平均为 15.6mg/kg，变化幅度为 7.03～29.89mg/kg。

利用行政区划图与地力等级图叠加联合形成行政区划地力等级综合图，对土壤有效铁含量栅格数据进行区域统计得知，3 级地中，土壤有效铁含量（平均值）最高的乡镇是北早现乡，最低的乡镇是诸福屯镇，统计结果见表 5 - 42。

表 5 - 42　有效铁 3 级地行政区划分布　　单位：mg/kg

乡镇	最大值	最小值	平均值
北早现乡	25.69	11.53	17.63
曲阳桥乡	29.89	10.55	17.48
南楼乡	22.49	10.85	16.94
南牛乡	19.71	13.23	16.88
新安镇	25.29	10.72	16.15
西平乐乡	17.99	9.30	14.29
新城铺镇	15.40	12.53	14.04
正定镇	17.59	7.93	13.47
诸福屯镇	13.88	7.03	10.39

8. 有效锰含量

利用地力等级图对土壤有效锰含量栅格数据进行区域统计得知，全县 3 级地土壤有效锰含量平均为 15.1mg/kg，变化幅度为 7.40 ~ 33.70mg/kg。

利用行政区划图与地力等级图叠加联合形成行政区划地力等级综合图，对土壤有效锰含量栅格数据进行区域统计得知，3 级地中，土壤有效锰含量（平均值）最高的乡镇是新城铺镇，最低的乡镇是诸福屯镇，统计结果见表 5 – 43。

表 5 – 43　有效锰 3 级地行政区划分布　　　　　　单位：mg/kg

乡镇	最大值	最小值	平均值
新城铺镇	22.18	16.25	19.56
南楼乡	32.53	9.35	18.85
新安镇	33.70	8.77	18.13
南牛乡	22.16	8.19	17.76
西平乐乡	18.91	10.26	15.01
曲阳桥乡	23.44	7.81	14.97
正定镇	16.98	7.67	12.94
北早现乡	22.00	9.06	12.70
诸福屯镇	15.97	7.40	10.95

9. 有效锌含量

利用地力等级图对土壤有效锌含量栅格数据进行区域统计得知，全县 3 级地土壤有效锌含量平均为 3.7mg/kg，变化幅度为 0.95 ~ 7.15mg/kg。

利用行政区划图与地力等级图叠加联合形成行政区划地力等级综合图，对土壤有效锌含量栅格数据进行区域统计得知，3 级地中，土壤有效锌含量（平均值）最高的乡镇是新城铺镇，最低的乡镇是南楼乡，统计结果见表 5 – 44。

表 5 – 44　有效锌 3 级地行政区划分布　　　　　　单位：mg/kg

乡镇	最大值	最小值	平均值
新城铺镇	7.15	2.67	4.52
正定镇	6.97	2.04	4.46
西平乐乡	5.92	1.99	4.31
曲阳桥乡	6.37	1.82	4.18
北早现乡	6.63	1.76	3.89
南牛乡	7.15	2.29	3.48
新安镇	4.47	1.78	3.05
诸福屯镇	4.40	2.10	3.00
南楼乡	7.18	0.95	2.85

10. 水溶态硼含量

利用地力等级图对土壤水溶态硼含量栅格数据进行区域统计得知，全县 3 级地土壤水溶态硼含量平均为 0.6mg/kg，变化幅度为 0.24～5.94mg/kg。

利用行政区划图与地力等级图叠加联合形成行政区划地力等级综合图，对土壤水溶态硼含量栅格数据进行区域统计得知，3 级地中，土壤水溶态硼含量（平均值）最高的乡镇是南牛乡，最低的乡镇是南楼乡，统计结果见表 5-45。

表 5-45　水溶态硼 3 级地行政区划分布　　　　单位：mg/kg

乡镇	最大值	最小值	平均值
南牛乡	3.13	0.50	1.13
正定镇	2.94	0.36	0.76
新安镇	3.29	0.30	0.67
诸福屯镇	5.94	0.45	0.66
北早现乡	2.86	0.38	0.60
曲阳桥乡	0.66	0.38	0.52
新城铺镇	0.70	0.42	0.52
西平乐乡	0.72	0.37	0.49
南楼乡	0.65	0.24	0.46

11. 缓效钾含量

利用地力等级图对土壤缓效钾含量栅格数据进行区域统计得知，全县 3 级地土壤缓效钾含量平均为 1214.5mg/kg，变化幅度为 898.19～1504.92mg/kg。

利用行政区划图与地力等级图叠加联合形成行政区划地力等级综合图，对土壤缓效钾含量栅格数据进行区域统计得知，3 级地中，土壤缓效钾含量（平均值）最高的乡镇是诸福屯镇，最低的乡镇是正定镇，统计结果见表 5-46。

表 5-46　缓效钾 3 级地行政区划分布　　　　单位：mg/kg

乡镇	最大值	最小值	平均值
诸福屯镇	1436.14	1308.98	1407.91
新安镇	1454.45	1173.27	1294.69
南牛乡	1360.07	1129.68	1289.06
西平乐乡	1280.38	1190.19	1229.98
南楼乡	1504.92	1081.16	1227.70
曲阳桥乡	1246.14	1146.21	1202.26
新城铺镇	1279.53	1141.59	1189.62
北早现乡	1315.10	898.34	1166.99
正定镇	1242.74	898.19	1140.89

四、4 级地

（一）面积与分布

将耕地地力等级分布图与行政区划图进行叠加分析，从耕地地力等级行政区域分布数据库中按权属字段检索出各等级的记录，统计各级地在各乡镇的分布状况。全县 4 级地，综合评价指数为 0.61999 ~ 0.58064，耕地面积 77445.0 亩，占耕地总面积的17.4%；分析结果见表 5 - 47。

表 5 - 47   4 级地行政区划分布

乡镇	面积/亩	占本级耕地（%）
曲阳桥乡	25287.0	32.7
南楼乡	20745.0	26.8
诸福屯镇	9634.5	12.4
正定镇	5359.5	6.9
新城铺镇	4998.0	6.4
新安镇	4456.5	5.8
南牛乡	3286.5	4.2
西平乐乡	2056.5	2.7
北早现乡	1621.5	2.1

（二）主要属性分析

1. 有机质含量

利用地力等级图对土壤有机质含量栅格数据进行区域统计得知，全县 4 级地土壤有机质含量平均为 19.4g/kg，变化幅度为 11.84 ~ 28.00g/kg。

利用行政区划图与地力等级图叠加联合形成行政区划地力等级综合图，对土壤有机质含量栅格数据进行区域统计得知，4 级地中，土壤有机质含量（平均值）最高的乡镇是新城铺镇，最低的乡镇是新安镇，统计结果见表 5 - 48。

表 5 - 48   有机质 4 级地行政区划分布   单位：g/kg

乡镇	最大值	最小值	平均值
新城铺镇	26.79	17.44	21.09
诸福屯镇	27.45	12.03	20.98
北早现乡	21.36	19.81	20.68
正定镇	23.83	14.22	19.90
西平乐乡	26.97	15.74	19.71
曲阳桥乡	23.87	15.33	19.32
南楼乡	23.20	13.03	19.27
南牛乡	28.00	11.84	18.55
新安镇	21.87	13.34	17.64

2. 全氮含量

利用地力等级图对土壤全氮含量栅格数据进行区域统计得知，全县 4 级地土壤全氮含量平均为 1.1g/kg，变化幅度为 0.70 ~ 1.57g/kg。

利用行政区划图与地力等级图叠加联合形成行政区划地力等级综合图，对土壤全氮含量栅格数据进行区域统计得知，4 级地中，土壤全氮含量（平均值）最高的乡镇新城铺镇，最低的乡镇是新安镇，统计结果见表 5 - 49。

表 5 - 49　全氮 4 级地行政区划分布　　　　单位：g/kg

乡镇	最大值	最小值	平均值
新城铺镇	1.57	1.04	1.26
诸福屯镇	1.31	1.04	1.2
曲阳桥乡	1.26	1.00	1.17
南牛乡	1.32	0.92	1.15
正定镇	1.38	0.74	1.06
南楼乡	1.22	0.80	1.05
北早现乡	1.24	0.71	1.05
西平乐乡	1.13	0.70	0.92
新安镇	1.19	0.67	0.83

3. 有效磷含量

利用地力等级图对土壤有效磷含量栅格数据进行区域统计得知，全县 4 级地土壤有效磷含量平均为 37.9mg/kg，变化幅度为 9.78 ~ 194.55mg/kg。

利用行政区划图与地力等级图叠加联合形成行政区划地力等级综合图，对土壤有效磷含量栅格数据进行区域统计得知，4 级地中，土壤有效磷含量（平均值）最高的乡镇是诸福屯镇，最低的乡镇是北早现乡，统计结果见表 5 - 50。

表 5 - 50　有效磷 4 级地行政区划分布　　　　单位：mg/kg

乡镇	最大值	最小值	平均值
诸福屯镇	194.55	21.35	108.03
西平乐乡	69.00	16.71	42.34
南楼乡	54.43	16.89	34.75
新城铺镇	62.01	9.78	33.27
新安镇	42.60	17.77	30.26
曲阳桥乡	65.07	9.81	28.19
南牛乡	65.87	15.14	27.94
正定镇	39.78	14.37	25.97
北早现乡	21.77	17.97	19.27

4. 速效钾含量

利用地力等级图对土壤速效钾含量栅格数据进行区域统计得知，全县 4 级地土壤速效钾含量平均为 112.0mg/kg，变化幅度为 19.74～226.00mg/kg。

利用行政区划图与地力等级图叠加联合形成行政区划地力等级综合图，对土壤速效钾含量栅格数据进行区域统计得知，4 级地中，土壤速效钾含量（平均值）最高的乡镇是北早现乡，最低的乡镇是诸福屯镇，统计结果见表 5－51。

表 5－51　速效钾 4 级地行政区划分布　　　　　单位：mg/kg

乡镇	最大值	最小值	平均值
北早现乡	144.00	131.50	137.21
南牛乡	204.50	78.76	130.03
正定镇	197.00	97.50	118.07
曲阳桥乡	226.00	66.50	116.73
新安镇	161.00	79.50	114.63
南楼乡	165.00	76.50	101.43
西平乐乡	130.00	74.00	101.22
新城铺镇	128.50	66.00	97.49
诸福屯镇	201.50	19.74	93.22

5. 碱解氮含量

利用地力等级图对土壤碱解氮含量栅格数据进行区域统计得知，全县 4 级地土壤碱解氮含量平均为 104.9mg/kg，变化幅度为 42.93～48.27mg/kg。

利用行政区划图与地力等级图叠加联合形成行政区划地力等级综合图，对土壤碱解氮含量栅格数据进行区域统计得知，4 级地中，土壤碱解氮含量（平均值）最高的乡镇是北早现乡，最低的乡镇是诸福屯镇，统计结果见表 5－52。

表 5－52　碱解氮 4 级地行政区划分布　　　　　单位：mg/kg

乡镇	最大值	最小值	平均值
北早现乡	133.84	111.55	126.10
新城铺镇	135.81	91.89	120.29
新安镇	148.27	103.72	119.52
曲阳桥乡	133.07	85.19	108.35
正定镇	115.36	98.46	108.03
南牛乡	133.07	76.96	107.54
南楼乡	133.84	71.06	100.84
西平乐乡	117.64	84.05	100.44
诸福屯镇	128.69	42.93	78.07

6. 有效铜含量

利用地力等级图对土壤有效铜含量栅格数据进行区域统计得知，全县 4 级地土壤有效铜含量平均为 1.4mg/kg，变化幅度为 0.50～8.58mg/kg。

利用行政区划图与地力等级图叠加联合形成行政区划地力等级综合图，对土壤有效铜含量栅格数据进行区域统计得知，4 级地中，土壤有效铜含量（平均值）最高的乡镇是新城铺镇，最低的乡镇是北早现乡，统计结果见表 5－53。

表 5－53　有效铜 4 级地行政区划分布　　　　　　　　　　单位：mg/kg

乡镇	最大值	最小值	平均值
新城铺镇	7.07	0.72	1.89
南牛乡	8.58	0.61	1.80
诸福屯镇	2.68	0.58	1.79
西平乐乡	7.07	0.50	1.58
正定镇	1.84	0.73	1.19
新安镇	1.94	0.73	1.19
南楼乡	1.85	0.61	1.18
曲阳桥乡	1.45	0.62	1.00
北早现乡	1.05	0.86	0.99

7. 有效铁含量

利用地力等级图对土壤有效铁含量栅格数据进行区域统计得知，全县 4 级地土壤有效铁含量平均为 15.8mg/kg，变化幅度为 1.93～29.16mg/kg。

利用行政区划图与地力等级图叠加联合形成行政区划地力等级综合图，对土壤有效铁含量栅格数据进行区域统计得知，4 级地中，土壤有效铁含量（平均值）最高的乡镇是曲阳桥乡，最低的乡镇是诸福屯镇，统计结果见表 5－54。

表 5－54　有效铁 4 级地行政区划分布　　　　　　　　　　单位：mg/kg

乡镇	最大值	最小值	平均值
曲阳桥乡	29.16	10.55	19.56
南楼乡	25.05	11.32	17.71
北早现乡	19.55	12.15	17.42
新安镇	21.69	10.62	15.79
新城铺镇	19.89	10.30	15.30
南牛乡	22.69	9.34	14.49
正定镇	18.11	10.23	13.81
西平乐乡	16.83	9.67	13.44
诸福屯镇	16.93	1.93	7.19

8. 有效锰含量

利用地力等级图对土壤有效锰含量栅格数据进行区域统计得知，全县4级地土壤有效锰含量平均为15.5mg/kg，变化幅度为6.40~41.14mg/kg。

利用行政区划图与地力等级图叠加联合形成行政区划地力等级综合图，对土壤有效锰含量栅格数据进行区域统计得知，4级地中，土壤有效锰含量（平均值）最高的乡镇是新安镇，最低的乡镇是诸福屯镇，统计结果见表5-55。

表 5-55　有效锰4级地行政区划分布　　　　　　单位：mg/kg

乡镇	最大值	最小值	平均值
新安镇	34.94	12.64	21.17
南楼乡	41.14	11.36	21.08
新城铺镇	29.51	11.00	20.01
北早现乡	16.07	10.92	14.57
曲阳桥乡	23.26	7.81	14.46
西平乐乡	17.39	9.43	13.52
正定镇	16.68	6.40	13.02
南牛乡	26.84	7.19	12.09
诸福屯镇	15.73	7.75	9.61

9. 有效锌含量

利用地力等级图对土壤有效锌含量栅格数据进行区域统计得知，全县4级地土壤有效锌含量平均为3.4mg/kg，变化幅度为0.84~7.20mg/kg。

利用行政区划图与地力等级图叠加联合形成行政区划地力等级综合图，对土壤有效锌含量栅格数据进行区域统计得知，4级地中，土壤有效锌含量（平均值）最高的乡镇是新城铺镇，最低的乡镇是诸福屯镇，统计结果见表5-56。

表 5-56　有效锌4级地行政区划分布　　　　　　单位：mg/kg

乡镇	最大值	最小值	平均值
新城铺镇	7.20	1.24	4.42
西平乐乡	6.92	1.23	4.40
正定镇	5.37	1.56	4.08
曲阳桥乡	7.21	1.65	4.02
南牛乡	6.55	1.62	3.51
北早现乡	3.53	3.22	3.32
南楼乡	5.77	0.97	2.87
新安镇	3.84	1.72	2.57
诸福屯镇	4.35	0.84	2.04

10. 水溶态硼含量

利用地力等级图对土壤水溶态硼含量栅格数据进行区域统计得知，全县 4 级地土壤水溶态硼含量平均为 1.0mg/kg，变化幅度为 0.25～6.66mg/kg。

利用行政区划图与地力等级图叠加联合形成行政区划地力等级综合图，对土壤水溶态硼含量栅格数据进行区域统计得知，4 级地中，土壤水溶态硼含量（平均值）最高的乡镇是诸福屯镇，最低的乡镇是南楼乡，统计结果见表 5-57。

表 5-57　水溶态硼 4 级地行政区划分布　　　　　　　　　单位：mg/kg

乡镇	最大值	最小值	平均值
诸福屯镇	6.49	0.42	4.29
新安镇	3.23	0.45	0.71
南牛乡	6.66	0.34	0.67
正定镇	2.89	0.41	0.65
新城铺镇	0.88	0.43	0.65
北早现乡	0.65	0.60	0.63
西平乐乡	0.74	0.43	0.55
曲阳桥乡	0.72	0.36	0.55
南楼乡	0.74	0.25	0.46

11. 缓效钾含量

利用地力等级图对土壤缓效钾含量栅格数据进行区域统计得知，全县 4 级地土壤缓效钾含量平均为 1258.7mg/kg，变化幅度为 944.79～1520.66mg/kg。

利用行政区划图与地力等级图叠加联合形成行政区划地力等级综合图，对土壤缓效钾含量栅格数据进行区域统计得知，4 级地中，土壤缓效钾含量（平均值）最高的乡镇是诸福屯镇，最低的乡镇是正定镇，统计结果见表 5-58。

表 5-58　缓效钾 4 级地行政区划分布　　　　　　　　　单位：mg/kg

乡镇	最大值	最小值	平均值
诸福屯镇	1445.32	1194.91	1346.12
新安镇	1456.02	1230.27	1318.48
南楼乡	1520.66	1043.83	1287.37
南牛乡	1440.12	957.14	1253.77
新城铺镇	1387.31	1142.92	1236.20
西平乐乡	1238.07	1151.07	1201.47
曲阳桥乡	1232.35	1094.89	1156.61
北早现乡	1205.14	1087.80	1122.76
正定镇	1214.58	944.79	1050.45

五、5 级地

(一) 面积与分布

将耕地地力等级分布图与行政区划图进行叠加分析，从耕地地力等级行政区域分布数据库中按权属字段检索出各等级的记录，统计各级地在各乡镇的分布状况。全县 5 级地，综合评价指数为 0.48471 ~ 0.57969，耕地面积 65364.0 亩，占耕地总面积的 14.7%；分析结果见表 5 - 59。

表 5 - 59　5 级地行政区划分布

乡镇	面积/亩	占本级耕地（%）
南楼乡	31048.5	47.5
正定镇	11296.5	17.3
曲阳桥乡	9817.5	15.0
诸福屯镇	3432.0	5.2
新城铺镇	2787.0	4.3
北早现乡	2710.5	4.1
南牛乡	2613.0	4.0
西平乐乡	1288.5	2.0
新安镇	370.5	0.6

(二) 主要属性分析

1. 有机质含量

利用地力等级图对土壤有机质含量栅格数据进行区域统计得知，全县 5 级地土壤有机质含量平均为 18.8g/kg，变化幅度为 13.13 ~ 25.02g/kg。

利用行政区划图与地力等级图叠加联合形成行政区划地力等级综合图，对土壤有机质含量栅格数据进行区域统计得知，5 级地中，土壤有机质含量（平均值）最高的乡镇是诸福屯镇，最低的乡镇是新安镇，统计结果见表 5 - 60。

表 5 - 60　有机质 5 级地行政区划分布　　　　　　　　单位：g/kg

乡镇	最大值	最小值	平均值
诸福屯镇	23.54	21.26	22.23
正定镇	25.02	14.46	21.34
北早现乡	22.92	16.23	20.80
曲阳桥乡	22.99	16.27	19.80
新城铺镇	20.57	18.11	19.29
西平乐乡	19.98	14.44	17.60
南楼乡	21.70	13.13	17.08
新安镇	18.54	13.55	14.97

2. 全氮含量

利用地力等级图对土壤全氮含量栅格数据进行区域统计得知，全县 5 级地土壤全氮含量平均为 1.0g/kg，变化幅度为 0.71～1.62g/kg。

利用行政区划图与地力等级图叠加联合形成行政区划地力等级综合图，对土壤全氮含量栅格数据进行区域统计得知，5 级地中，土壤全氮含量（平均值）最高的乡镇是新城铺镇，最低的乡镇是北早现乡，统计结果见表 5 – 61。

表 5 – 61　全氮 5 级地行政区划分布　　　　　　单位：g/kg

乡镇	最大值	最小值	平均值
新城铺镇	1.62	0.89	1.23
诸福屯镇	1.22	1.11	1.16
南牛乡	1.32	0.94	1.11
曲阳桥乡	1.23	0.71	1.09
正定镇	1.27	0.74	1.01
南楼乡	1.22	0.66	0.95
西平乐乡	1.20	0.67	0.93
北早现乡	1.22	0.74	0.89

3. 有效磷含量

利用地力等级图对土壤有效磷含量栅格数据进行区域统计得知，全县 5 级地土壤有效磷含量平均为 29.7mg/kg，变化幅度为 11.22～60.32mg/kg。

利用行政区划图与地力等级图叠加联合形成行政区划地力等级综合图，对土壤有效磷含量栅格数据进行区域统计得知，5 级地中，土壤有效磷含量（平均值）最高的乡镇是南楼乡，最低的乡镇是北早现乡，统计结果见表 5 – 62。

表 5 – 62　有效磷 5 级地行政区划分布　　　　　　单位：mg/kg

乡镇	最大值	最小值	平均值
南楼乡	52.24	12.81	32.75
新安镇	35.82	23.06	30.47
诸福屯镇	54.18	23.45	28.43
正定镇	43.75	16.78	26.77
西平乐乡	32.74	14.11	25.63
曲阳桥乡	34.81	11.22	24.45
新城铺镇	60.32	14.52	23.69
北早现乡	25.96	17.70	21.81

4. 速效钾含量

利用地力等级图对土壤速效钾含量栅格数据进行区域统计得知，全县5级地土壤速效钾含量平均为123.6mg/kg，变化幅度为59.50~291.50mg/kg。

利用行政区划图与地力等级图叠加联合形成行政区划地力等级综合图，对土壤速效钾含量栅格数据进行区域统计得知，5级地中，土壤速效钾含量（平均值）最高的乡镇是北早现乡，最低的乡镇是新城铺镇，统计结果见表5-63。

表5-63　速效钾5级地行政区划分布　　　　　　　　　　单位：mg/kg

乡镇	最大值	最小值	平均值
北早现乡	291.50	87.00	215.56
正定镇	214.00	98.50	160.98
诸福屯镇	164.00	104.67	150.88
曲阳桥乡	231.50	74.00	140.99
新安镇	112.50	90.00	101.68
南楼乡	142.50	59.50	94.39
西平乐乡	118.50	71.50	90.69
新城铺镇	113.00	70.00	87.35

5. 碱解氮含量

利用地力等级图对土壤碱解氮含量栅格数据进行区域统计得知，全县5级地土壤碱解氮含量平均为104.8mg/kg，变化幅度为75.10~145.13mg/kg。

利用行政区划图与地力等级图叠加联合形成行政区划地力等级综合图，对土壤碱解氮含量栅格数据进行区域统计得知，5级地中，土壤碱解氮含量（平均值）最高的乡镇是新安镇，最低的乡镇是南楼乡，统计结果见表5-64。

表5-64　碱解氮5级地行政区划分布　　　　　　　　　　单位：mg/kg

乡镇	最大值	最小值	平均值
新安镇	145.13	119.07	131.39
诸福屯镇	137.13	108.97	130.39
新城铺镇	132.17	105.07	123.19
正定镇	143.19	100.68	113.50
西平乐乡	134.16	89.39	107.13
曲阳桥乡	117.35	84.38	106.85
北早现乡	107.30	99.91	103.33
南楼乡	124.10	75.10	94.19

6. 有效铜含量

利用地力等级图对土壤有效铜含量栅格数据进行区域统计得知，全县 5 级地土壤有效铜含量平均为 1.0mg/kg，变化幅度为 0.60 ~ 3.05mg/kg。

利用行政区划图与地力等级图叠加联合形成行政区划地力等级综合图，对土壤有效铜含量栅格数据进行区域统计得知，5 级地中，土壤有效铜含量（平均值）最高的乡镇是新城铺镇，最低的乡镇是南楼乡，统计结果见表 5 – 65。

表 5 – 65　有效铜 5 级地行政区划分布　　　　　单位：mg/kg

乡镇	最大值	最小值	平均值
新城铺镇	3.05	0.72	1.57
北早现乡	1.35	1.07	1.25
西平乐乡	1.48	0.60	1.20
新安镇	1.37	1.02	1.20
正定镇	1.42	0.70	1.08
曲阳桥乡	1.25	0.65	1.03
诸福屯镇	1.43	0.86	1.02
南楼乡	1.77	0.55	0.96

7. 有效铁含量

利用地力等级图对土壤有效铁含量栅格数据进行区域统计得知，全县 5 级地土壤有效铁含量平均为 15.8mg/kg，变化幅度为 8.35 ~ 24.37mg/kg。

利用行政区划图与地力等级图叠加联合形成行政区划地力等级综合图，对土壤有效铁含量栅格数据进行区域统计得知，5 级地中，土壤有效铁含量（平均值）最高的乡镇是南楼乡，最低的乡镇是诸福屯镇，统计结果见表 5 – 66。

表 5 – 66　有效铁 5 级地行政区划分布　　　　　单位：mg/kg

乡镇	最大值	最小值	平均值
南楼乡	23.49	11.99	17.26
曲阳桥乡	24.37	11.50	16.05
新城铺镇	20.18	10.37	15.67
北早现乡	15.30	13.87	14.75
正定镇	17.34	11.10	14.64
西平乐乡	17.97	9.33	14.17
新安镇	14.69	10.38	13.02
诸福屯镇	13.94	8.35	11.98

8. 有效锰含量

利用地力等级图对土壤有效锰含量栅格数据进行区域统计得知，全县 5 级地土壤有效锰含量平均为 16.3mg/kg，变化幅度为 8.74 ~ 30.87mg/kg。

利用行政区划图与地力等级图叠加联合形成行政区划地力等级综合图，对土壤有效锰含量栅格数据进行区域统计得知，5 级地中，土壤有效锰含量（平均值）最高的乡镇是新安镇，最低的乡镇是北早现乡，统计结果见表 5 - 67。

表 5 - 67　有效锰 5 级地行政区划分布　　　　　　　　单位：mg/kg

乡镇	最大值	最小值	平均值
新安镇	22.48	15.33	19.18
南楼乡	30.87	10.39	18.14
正定镇	16.81	8.74	15.58
新城铺镇	27.29	9.81	15.56
西平乐乡	17.05	9.15	14.47
诸福屯镇	15.97	13.02	13.84
曲阳桥乡	18.20	9.25	13.82
北早现乡	13.58	10.53	11.72

9. 有效锌含量

利用地力等级图对土壤有效锌含量栅格数据进行区域统计得知，全县 5 级地土壤有效锌含量平均为 3.2mg/kg，变化幅度为 0.92 ~ 6.29mg/kg。

利用行政区划图与地力等级图叠加联合形成行政区划地力等级综合图，对土壤有效锌含量栅格数据进行区域统计得知，5 级地中，土壤有效锌含量（平均值）最高的乡镇是曲阳桥乡，最低的乡镇是南楼乡，统计结果见表 5 - 68。

表 5 - 68　有效锌 5 级地行政区划分布　　　　　　　　单位：mg/kg

乡镇	最大值	最小值	平均值
曲阳桥乡	6.09	1.81	5.34
北早现乡	5.08	3.84	4.61
西平乐乡	5.81	1.62	4.24
正定镇	6.29	2.78	4.15
新安镇	4.05	3.15	3.47
诸福屯镇	4.98	2.68	3.41
新城铺镇	4.52	1.61	3.22
南楼乡	3.50	0.92	1.79

10. 水溶态硼含量

利用地力等级图对土壤水溶态硼含量栅格数据进行区域统计得知，全县 5 级地土壤水溶态硼含量平均为 0.6mg/kg，变化幅度为 0.24 ~ 0.87mg/kg。

利用行政区划图与地力等级图叠加联合形成行政区划地力等级综合图，对土壤水溶态硼含量栅格数据进行区域统计得知，5 级地中，土壤水溶态硼含量（平均值）最高的乡镇是正定镇，最低的乡镇是西平乐乡，统计结果见表 5 - 69。

表 5 - 69 水溶态硼 5 级地行政区划分布   单位：mg/kg

乡镇	最大值	最小值	平均值
正定镇	0.87	0.54	0.67
新城铺镇	0.81	0.57	0.66
诸福屯镇	0.64	0.60	0.62
新安镇	0.71	0.45	0.60
北早现乡	0.62	0.56	0.59
曲阳桥乡	0.62	0.41	0.57
南楼乡	0.68	0.24	0.53
西平乐乡	0.66	0.38	0.48

11. 缓效钾含量

利用地力等级图对土壤缓效钾含量栅格数据进行区域统计得知，全县 5 级地土壤缓效钾含量平均为 1247.7mg/kg，变化幅度为 916.27 ~ 1507.37mg/kg。

利用行政区划图与地力等级图叠加联合形成行政区划地力等级综合图，对土壤缓效钾含量栅格数据进行区域统计得知，5 级地中，土壤缓效钾含量（平均值）最高的乡镇是新安镇，最低的乡镇是正定镇，统计结果见表 5 - 70。

表 5 - 70 缓效钾 5 级地行政区划分布   单位：mg/kg

乡镇	最大值	最小值	平均值
新安镇	1308.43	1229.18	1278.53
新城铺镇	1257.74	1254.62	1256.24
南楼乡	1507.37	1083.11	1255.77
西平乐乡	1256.65	1151.11	1203.72
正定镇	1118.59	916.27	983.57

六、6 级地

（一）面积与分布

将耕地地力等级分布图与行政区划图进行叠加分析，从耕地地力等级行政区域分布数据库中按权属字段检索出各等级的记录，统计各级地在各乡镇的分布状况。全县6级地，综合评价指数为0.38688~0.46931，耕地面积6367.5亩，占耕地总面积的1.4%；分析结果见表5-71。

表5-71　6级地行政区划分布

乡镇	面积/亩	占本级耕地（%）
南楼乡	2229.0	35.0
正定镇	1615.5	25.4
北早现乡	1087.5	17.1
新城铺镇	655.5	10.3
新安镇	528.0	8.3
曲阳桥乡	252.0	3.9

（二）主要属性分析

1. 有机质含量

利用地力等级图对土壤有机质含量栅格数据进行区域统计得知，全县6级地土壤有机质含量平均为19.2g/kg，变化幅度为13.35~26.20g/kg。

利用行政区划图与地力等级图叠加联合形成行政区划地力等级综合图，对土壤有机质含量栅格数据进行区域统计得知，6级地中，土壤有机质含量（平均值）最高的乡镇是新城铺镇，最低的乡镇是南楼乡，统计结果见表5-72。

表5-72　有机质6级地行政区划分布　　　　　　　　单位：g/kg

乡镇	最大值	最小值	平均值
新城铺镇	26.20	19.71	21.95
南牛乡	23.65	15.61	20.78
曲阳桥乡	22.72	16.96	19.57
北早现乡	21.85	16.17	18.40
正定镇	22.13	16.16	17.72
新安镇	19.20	13.35	17.72
南楼乡	19.59	15.75	17.34

2. 全氮含量

利用地力等级图对土壤全氮含量栅格数据进行区域统计得知，全县6级地土壤全氮含量平均为0.9g/kg，变化幅度为0.70~1.55g/kg。

利用行政区划图与地力等级图叠加联合形成行政区划地力等级综合图，对土壤全氮含量栅格数据进行区域统计得知，6级地中，土壤全氮含量（平均值）最高的乡镇是新城铺镇，最低的乡镇是正定镇，统计结果见表 5 - 73。

表 5 - 73 全氮 6 级地行政区划分布 　　　　　　　　单位：g/kg

乡镇	最大值	最小值	平均值
新城铺镇	1.55	1.08	1.33
曲阳桥乡	1.23	1.18	1.2
南楼乡	1.05	0.74	0.92
北早现乡	0.93	0.74	0.84
新安镇	0.96	0.70	0.81
正定镇	0.99	0.74	0.76

3. 有效磷含量

利用地力等级图对土壤有效磷含量栅格数据进行区域统计得知，全县 6 级地土壤有效磷含量平均为 25.4mg/kg，变化幅度为 13.52 ~ 51.55mg/kg。

利用行政区划图与地力等级图叠加联合形成行政区划地力等级综合图，对土壤有效磷含量栅格数据进行区域统计得知，6 级地中，土壤有效磷含量（平均值）最高的乡镇是新城铺镇，最低的乡镇是北早现乡，统计结果见表 5 - 74。

表 5 - 74 有效磷 6 级地行政区划分布 　　　　　　　　单位：mg/kg

乡镇	最大值	最小值	平均值
新城铺镇	51.55	13.52	33.14
南楼乡	47.87	18.82	32.41
南牛乡	50.34	17.77	27.44
曲阳桥乡	35.07	18.08	24.46
新安镇	35.92	19.44	23.42
正定镇	26.56	14.63	23.31
北早现乡	26.12	14.63	21.20

4. 速效钾含量

利用地力等级图对土壤速效钾含量栅格数据进行区域统计得知，全县 6 级地土壤速效钾含量平均为 110.5mg/kg，变化幅度为 59.50 ~ 259.00mg/kg。

利用行政区划图与地力等级图叠加联合形成行政区划地力等级综合图，对土壤速效钾含量栅格数据进行区域统计得知，6 级地中，土壤速效钾含量（平均值）最高的乡镇是曲阳桥乡，最低的乡镇是南楼乡，统计结果见表 5 - 75。

表 5 – 75　有效钾 6 级地行政区划分布　　　　单位：mg/kg

乡镇	最大值	最小值	平均值
曲阳桥乡	259.00	81.50	127.22
北早现乡	250.50	79.00	118.77
南牛乡	133.50	80.00	109.41
新城铺镇	113.00	71.50	98.84
新安镇	123.50	89.50	98.00
正定镇	199.50	79.00	93.50
南楼乡	100.50	59.50	80.27

5. 碱解氮含量

利用地力等级图对土壤碱解氮含量栅格数据进行区域统计得知，全县 6 级地土壤碱解氮含量平均为 113.6mg/kg，变化幅度为 77.62 ~ 156.35mg/kg。

利用行政区划图与地力等级图叠加联合形成行政区划地力等级综合图，对土壤碱解氮含量栅格数据进行区域统计得知，6 级地中，土壤碱解氮含量（平均值）最高的乡镇是新安镇，最低的乡镇是南楼乡，统计结果见表 5 – 76。

表 5 – 76　碱解氮 6 级地行政区划分布　　　　单位：mg/kg

乡镇	最大值	最小值	平均值
新安镇	156.35	103.72	141.21
南牛乡	134.54	108.90	127.47
新城铺镇	137.24	92.68	114.42
曲阳桥乡	117.74	97.37	111.04
正定镇	116.68	96.90	109.99
北早现乡	107.30	95.72	102.56
南楼乡	124.10	77.62	99.22

6. 有效铜含量

利用地力等级图对土壤有效铜含量栅格数据进行区域统计得知，全县 6 级地土壤有效铜含量平均为 1.2mg/kg，变化幅度为 0.61 ~ 3.05mg/kg。

利用行政区划图与地力等级图叠加联合形成行政区划地力等级综合图，对土壤有效铜含量栅格数据进行区域统计得知，6 级地中，土壤有效铜含量（平均值）最高的乡镇是新城铺镇，最低的乡镇是南楼乡，统计结果见表 5 – 77。

表 5 - 77　有效铜 6 级地行政区划分布　　　　　单位：mg/kg

乡镇	最大值	最小值	平均值
新城铺镇	3.05	0.82	1.93
南牛乡	2.60	0.92	1.36
新安镇	1.58	0.92	1.30
北早现乡	1.39	1.14	1.29
正定镇	1.38	1.02	1.13
曲阳桥乡	1.18	0.76	0.93
南楼乡	1.01	0.61	0.77

7. 有效铁含量

利用地力等级图对土壤有效铁含量栅格数据进行区域统计得知，全县六级地土壤有效铁含量平均为 15.8mg/kg，变化幅度为 10.30 ~ 28.47mg/kg。

利用行政区划图与地力等级图叠加联合形成行政区划地力等级综合图，对土壤有效铁含量栅格数据进行区域统计得知，6 级地中，土壤有效铁含量（平均值）最高的乡镇是曲阳桥乡，最低的乡镇是新城铺镇，统计结果见表 5 - 78。

表 5 - 78　有效铁 6 级地行政区划分布　　　　　单位：mg/kg

乡镇	最大值	最小值	平均值
曲阳桥乡	28.47	13.40	17.67
南楼乡	22.07	11.37	16.76
南牛乡	17.82	12.43	15.89
新安镇	19.94	10.67	15.69
北早现乡	15.39	13.64	14.64
正定镇	15.19	12.86	13.87
新城铺镇	15.74	10.30	13.12

8. 有效锰含量

利用地力等级图对土壤有效锰含量栅格数据进行区域统计得知，全县 6 级地土壤有效锰含量平均为 16.7mg/kg，变化幅度为 10.42 ~ 30.87mg/kg。

利用行政区划图与地力等级图叠加联合形成行政区划地力等级综合图，对土壤有效锰含量栅格数据进行区域统计得知，6 级地中，土壤有效锰含量（平均值）最高的乡镇是新安镇，最低的乡镇是北早现乡，统计结果见表 5 - 79。

表 5 – 79　有效锰 6 级地行政区划分布　　　　　单位：mg/kg

乡镇	最大值	最小值	平均值
新安镇	29.00	12.49	21.37
南牛乡	25.93	12.70	21.01
南楼乡	30.87	11.40	20.74
新城铺镇	25.27	11.82	19.68
正定镇	16.67	12.69	15.08
曲阳桥乡	17.62	10.42	14.50
北早现乡	15.41	11.75	12.94

9. 有效锌含量

利用地力等级图对土壤有效锌含量栅格数据进行区域统计得知，全县 6 级地土壤有效锌含量平均为 4.2mg/kg，变化幅度为 1.00 ~ 6.92mg/kg。

利用行政区划图与地力等级图叠加联合形成行政区划地力等级综合图，对土壤有效锌含量栅格数据进行区域统计得知，6 级地中，土壤有效锌含量（平均值）最高的乡镇是曲阳桥乡，最低的乡镇是南楼乡，统计结果见表 5 – 80。

表 5 – 80　有效锌 6 级地行政区划分布　　　　　单位：mg/kg

乡镇	最大值	最小值	平均值
曲阳桥乡	5.85	3.42	5.15
北早现乡	5.39	3.97	4.85
新城铺镇	6.92	1.90	4.81
正定镇	5.14	3.74	4.19
南牛乡	6.51	2.03	3.24
新安镇	3.81	2.17	3.05
南楼乡	3.35	1.00	1.95

10. 水溶态硼含量

利用地力等级图对土壤水溶态硼含量栅格数据进行区域统计得知，全县 6 级地土壤水溶态硼含量平均为 0.7mg/kg，变化幅度为 0.35 ~ 6.31mg/kg。

利用行政区划图与地力等级图叠加联合形成行政区划地力等级综合图，对土壤水溶态硼含量栅格数据进行区域统计得知，6 级地中，土壤水溶态硼含量（平均值）最高的乡镇是南牛乡，最低的乡镇是南楼乡，统计结果见表 5 – 81。

表 5 – 81　水溶态硼 6 级地行政区划分布　　　　　　单位：mg/kg

乡镇	最大值	最小值	平均值
南牛乡	6.31	0.45	0.99
新城铺镇	0.81	0.54	0.70
新安镇	0.80	0.48	0.66
北早现乡	0.62	0.53	0.59
正定镇	0.64	0.52	0.58
曲阳桥乡	0.63	0.47	0.56
南楼乡	0.62	0.35	0.47

11. 缓效钾含量

利用地力等级图对土壤缓效钾含量栅格数据进行区域统计得知，全县 6 级地土壤缓效钾含量平均为 1167.4mg/kg，变化幅度为 897.66 ~ 1413.26mg/kg。

利用行政区划图与地力等级图叠加联合形成行政区划地力等级综合图，对土壤缓效钾含量栅格数据进行区域统计得知，6 级地中，土壤缓效钾含量（平均值）最高的乡镇是南牛乡，最低的乡镇是北早现乡，统计结果见表 5 – 82。

表 5 – 82　缓效钾 6 级地行政区划分布　　　　　　单位：mg/kg

乡镇	最大值	最小值	平均值
南牛乡	1413.26	1245.63	1285.96
新安镇	1303.60	1195.04	1236.32
南楼乡	1305.89	1120.57	1216.38
新城铺镇	1262.50	1161.92	1172.95
正定镇	1032.92	897.66	920.38
北早现乡	944.37	897.85	905.88

第六章　蔬菜地地力评价与科学管理

第一节　蔬菜生产历史与现状

一、蔬菜生产发展历史

正定县位于北温带半干旱、半湿润季风气候区，四季分明，光热条件好，全县土壤肥沃，有80%为褐土，养分状况好，酸碱度适中，保水肥性能好，地势平坦，水资源丰富，水质好，适宜蔬菜种植。

历史上，蔬菜种植多为露地种植，蔬菜品种繁多。秦汉时期，蔬菜品种有瓜、椒、韭、葱、蒜、芹、胡瓜（黄瓜）。魏晋时期，新增品种有胡荽（香菜）、冬瓜、茄子、蔓菁。宋元时，开始在温室栽培韭菜，"至冬移（韭）根于地屋荫中，培以马粪，暖而即长，高可尺许，不见风日，其叶黄嫩，谓之韭黄"。明清时期，又新增种植萝卜、白菜、芥菜、菠菜、南瓜。民国时期，引进西红柿、莴苣、葱头、苤蓝。新中国成立后，蔬菜种类主要有：西红柿、白菜、冬瓜、南瓜、北瓜、黄瓜、茄子、马铃薯、葱头、菜豆角、芸豆角、小茴香、芹菜、芫荽、萝卜、葱、蒜、芥菜、菠菜、韭菜、莴笋等。

正定县种植蔬菜历史悠久。西关韭菜，源于明代，有独特风味，它纤维少，肉质嫩，远近闻名，清代曾为贡品。三桩包头大白菜是四合街的特产，清代以来，其白菜籽远销湖南、湖北、山东、山西等省及省市地区。近年来，正定县正定镇、北早现乡、南楼乡、诸福屯镇等乡镇主要是温室种植西红柿为主导产品，同时还种植黄瓜、洋葱、大蒜以及速生叶菜如茼蒿、油麦菜、油菜、生菜、芥菜等。

50世纪60年代初，我国面临了严重的粮食危机，此后便一味追求粮食增产，蔬菜种植面积减少。1970年正定县蔬菜种植面积为32145亩（见图6-1），全部是露地蔬菜，主要集中在正定镇。1970~1991年蔬菜生产稳中有增。自1992年开始，正定县蔬菜生产有了长足发展，蔬菜的产量和品质明显提高。到1992年的蔬菜种植面积为6.88万亩，是1970年的2.1倍，总产量285168t。2000年以来正定县蔬菜生产又上一个新台阶，蔬菜种植面积11.12万亩，蔬菜总产624393t。蔬菜种植面积和产量分别是1992年的1.62倍和2.2倍。从2000~2010年正定县蔬菜种植面积稳定在10万亩以上。

1970~1990年，正定县蔬菜生产基本处于粗放经营阶段，普通农家品种多，产量低，经济效益略高于粮食作物。1990年以后蔬菜生产迅猛发展，蔬菜种植面积不断增大，设施蔬菜增多，名特优新品种日益增多，经济效益也得到空前提高。因此，正定县各乡镇日光温室蔬菜急剧增多，但是由于在冬季，正定县连续阴霾天气较多，日光温室蔬菜受到了严重的影响，从 2000～2010 年，正定县设施蔬菜面积始终保持在 3 万亩左右。

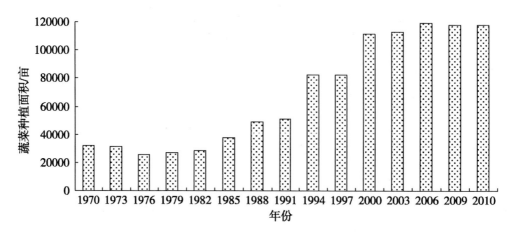

图 6 - 1 1970～2010 年正定县蔬菜种植面积情况

注：本图数据来源于 2011 年国民经济统计手册。

二、蔬菜生产现状

到 2010 年，正定县蔬菜种植面积 11.8 万亩，年产各类蔬菜 80.96 万吨，蔬菜总产值 12.21 亿元。其中设施蔬菜 29258 亩，设施蔬菜总产量 17.90 万吨。建有 2 个万亩蔬菜示范基地，4 个千亩设施蔬菜园区，2 个食用菌园区，4 个高标准设施蔬菜园区。认定了 12 个无公害蔬菜标准化生产示范村。成立瓜果蔬菜种植专业合作社 300 余个。

（一）品种更新情况

为加快蔬菜基地的发展速度，几年来引进新品种，普及新品种，几年来引进新品种 50 多个。先后引进了新红石品种，毛粉 802、中杂九、百利、21 世纪宝粉、樱桃西红柿、以色列番茄、金鹏 1 号；黄瓜：津春 3 号、津优 2 号、津绿 3 号、世纪 3 号以及荷兰、韩国黄瓜品种；其他如茄杂 1 号、2 号茄子、中椒 4 号、7 号、香蕉西葫芦、郑研 3 号萝卜、白玉萝卜、北京三号大白菜等。

（二）种植方式

1. 设施蔬菜

正定县的设施蔬菜种植面积 2.93 万亩，主要以中小棚为主，种植面积 2.42 万亩，其次也有部分日光温室，种植面积 0.51 万亩。正定镇西关和顺城关设施蔬菜主要以棚室西红柿为主，南楼乡、北早现乡以种植棚室西红柿、黄瓜为主，诸福屯镇蟠桃村建有高标准大棚和中棚 200 多个，此外还有日光温室 20 余栋，主要以种植西红柿为主，还有黄瓜、茄子、豆角等。

2. 露地菜

露地蔬菜种植面积 86118 亩，遍布全县各乡村，主要品种有：黄瓜，番茄，油麦菜，茼蒿、生菜等速生叶菜，大白菜，白萝卜，大葱，豆角，茄子等。

（三）蔬菜生产基地建设状况

正定县始终加强蔬菜生产基地建设，截至 2012 年，建成了正定镇万亩叶菜种植基地和曲阳桥乡万亩瓜菜生产基地 2 个示范基地；东贾村、西里双、陈家疃、南化 4 个千亩设施蔬菜园区；西汉、陈家疃 2 个食用菌园区；新建战村特色蔬菜示范园、西杨庄千亩香菜、大孙村特菜、西河绿色黄瓜 4 个高标准设施蔬菜园区。

正定县高度重视都市农业项目建设，把现代农业示范园区建设作为调整优化农业结构，壮大优势特色农业，促进农民增收，加快现代农业发展的一项重大举措来抓。目前，塔元庄现代农业科技园区、南楼磁河古道生态农业观光园、农耕时代都市农业示范园、正定县金农禾生态农庄休闲农业项目、正定县明光奇珍果园 5 个各具特色的农业科技示范园相继奠基开工。各园区已建成了初具规模的日光温室区、休闲体验农业园，并注册了绿色蔬菜品牌，成立了专业合作组织，对周边农民起到了良好的辐射带动作用。其中塔元庄现代农业科技园区位于塔元庄村西，总建筑 5 万平方米，其中 1 万平方米的现代化连栋智能温室已完工，5 个日光温室种植特色有机鲜食草莓，5 个日光温室进行食用菌栽培。另外无公害绿色豆芽加工厂、果树种植园及园区景观正在建设中。

三、蔬菜产业化发展情况

（一）生产情况

截至 2010 年，正定县蔬菜总产量 80.96 万吨，其中设施菜总产量 17.89 万吨。蔬菜业总产值 12.21 亿元，占农业总产值的 58.31%，成为种植业中的主要产业。尤其是近年来，粮食、棉花等大宗作物产值逐年下降，而种植业总产值却逐年增加，主要得益于蔬菜、瓜果等经济作物的快速发展。蔬菜产业，重点发展具有较强竞争力的名、特、优、新及无公害蔬菜品种，发展设施蔬菜、出口蔬菜和特色礼品菜。截至 2010 年，绿色蔬菜基地面积达到 7.5 万亩以上，认证绿色蔬菜品种 10 个以上。正定县是西红柿生产大县，西红柿远销京、津、石、保等地区。

（二）蔬菜产业化相关环境条件

1. 自然条件

正定县位于河北省西南部、太行山东侧、华北平原中部，西邻灵寿县、鹿泉市，北接行唐县、新乐市，东靠藁城市，是河北省会石家庄的北大门。正定县处于北温带半干旱、半湿润季风区，四季分明，夏季高温多雨，秋季日照充足，平原地形，土壤肥沃，地下水蓄水量充足，水质好，pH 值适中，灌溉方便，适合蔬菜种植。

2. 外部协作条件

正定县农业科技发达，地理位置优越，交通便利，京广铁路、京石客运专线、京港澳高速、京昆高速、107 国道等多条南北交通大动脉穿境而过，为蔬菜产业流转运输提供方便。

土地和劳动力资源丰富。正定县有耕地面积 44.84 万亩，农民人均耕地面积 0.96

亩，农村劳动力 22.41 万个，按照传统农业的做法 1 个劳动力可耕作 3.5 亩左右，农村劳动力可耕作 78.44 万亩，从而具有发展劳动密集型的蔬菜产业的优势。

（三）蔬菜经济效益情况

根据正定县蔬菜生产成本收益调查问卷汇总得出蔬菜经济效益如下。

1. 设施蔬菜的经济效益

1990～1995 年，亩纯收入 5000～6000 元。

1996～2000 年，亩纯收入 7000～8000 元。

2001～2005 年，亩纯收入 8000～10000 元。

2006～2010 年，亩纯收入 10000～15000 元。

2. 露地蔬菜的经济效益

1990～1995 年，亩纯收入 2000～3000 元。

1996～2000 年，亩纯收入 3000～4000 元。

2001～2005 年，亩纯收入 4000～5000 元。

2006～2010 年，亩纯收入 5000～10000 元。

（四）蔬菜产业存在的问题

1. 基地规模化程度低，设施农业面积小，标准和档次低

土地资源缺乏，大部分菜农都是传统小规模分散种植，生产面积小，扩展难度大。由于天气及技术不到位等因素，寿光型温室蔬菜受到严重影响，其他塑料大棚标准和档次偏低。农户种植蔬菜整体效益较低，加上受劳动力成本和传统种植观念影响，蔬菜种植品种不统一，专业化生产水平低，蔬菜生产发展缓慢，一时难以形成较大规模的优势产业。

2. 农产品品牌意识缺乏，生产组织形式分散，不具备注册商标的经济实力

正定县蔬菜种植经营者农产品品牌意识缺乏，导致一些农产品市场份额小，经济效益低，由于缺乏相应品牌，一些农产品被周边地区的低价收购或贴牌生产，经过包装后高价卖出，成为他人的"嫁衣"。目前，正定县农民的组织化程度还相当低，尽管已经成立了 370 多家种植专业合作社，但大部分合作经济组织并未真正发挥组织农民的作用。而小规模、分散化的农民不具备注册商标的经济实力，即便是所谓的"大户"，相比较而言也显得规模过于狭小，而且经济实力较弱、资金匮乏，农产品生产的专业化、规模化和商品化程度较低，生产个体还不具备为产品注册商标的生产规模和经济实力。若没有一定的组织载体，仅仅依靠农民自己的力量为产品注册商标显然是非常困难的，一般种植户是不愿意出钱进行商标注册的。产业品牌建设的滞后，直接影响到农产品的市场竞争力，影响到产业的持续发展，最终影响到农业增效和农民增收。

3. 农产品加工能力低下

农产品的易腐性和季节性，决定了其特殊的销售方式。而当初级农产品经过加工后，就能解决储存难、销售难的问题，不仅延长了销售时间和半径，而且还可增加附加值。但是从全县情况看，大多数农业企业基本上是直接从事初级农产品的购销，食品加工制造企业很少。这类农业企业往往自身抗风险能力很弱，更不用说市场竞争力了。

4. 市场需求量把握不准，社会化服务体系还不够健全

受信息不畅、产业化程度不高、小农户生产与大市场需求的影响，蔬菜种植品种与市场需求存在不一致的现象时有发生，受市场经济的干扰一哄而起、一起而散的现象经常发生，既影响了蔬菜产业的发展，又影响农民增收的步伐。目前正定县蔬菜技术服务网络尚未健全，各类中介服务组织只重视产前信息引导，产中技术指导，没有真正参与蔬菜产业化经营，尚未充分发挥桥梁纽带作用，造成广大菜农种植蔬菜的规模化、组织化程度较低，蔬菜生产产业化发展受到制约。

5. 科技投入机制尚未适应产业化形势，政府扶持力度还不够，蔬菜设施栽培资金投入不足

2010年全县设施蔬菜面积2.93万亩，占蔬菜总种植面积的24.77%，农田基础设施不够完善，蔬菜旱涝保收能力差，发展后劲不足；多数菜农习惯采用简单粗放的栽培技术，一些新材料、新方法得不到推广应用，新品种、新技术推广进度缓慢，大部分蔬菜加工企业不重视技术改造和新产品开发，传统加工农产品档次不高、科技含量低，加工保鲜出口增值储备落后，蔬菜产业链不长，很难适应大市场新一轮竞争，也严重制约蔬菜生产产业化的进一步发展。

（五）今后发展的战略性措施

1. 合理规划布局，推进规模化、专业化生产，进一步做大蔬菜特色产业

蔬菜是比较讲究规模效益的产业，大力开展规模化和专业化生产，既有利于鲜菜的市场流通，也有利于产后加工。为此，必须把优化蔬菜业发展区域化布局作为提高蔬菜业效益的重要措施来抓，对不同栽培设施、不同类型、不同品种的蔬菜应重点抓好规模化和专业化生产。同时，以高标准农业示范园区为目标，以基地化、区域化、专业化为突破口，加大农业基础设施投入，通过土地流转和招商引资，抓好几大蔬菜农业示范园区和蔬菜专业村建设，树立示范样板，做大蔬菜特色产业。

2. 加大农业品牌建设，提高品牌意识

要通过多种途径、采用多种形式，切实转变干部群众的思想观念，增强商标意识，进一步完善农业品牌战略，大力开展树品牌、创名牌活动，不断培育出有名气的名牌农产品。对现有的品牌农产品，要搭好宣传平台，通过举办外宣活动、参加各级农博会等措施，不断扩大影响面。同时要引导生产商进一步加大宣传力度，特别是要加大广告投入力度，扩大辐射范围，千方百计提高知名度，并扩大生产规模，进而提高市场占有率。农产品的市场竞争，归根结底是农产品科技含量的竞争，是农产品质量的竞争，尤其是品牌的竞争。所以，推出农产品品牌，培育农产品名牌，实施农业名牌战略，对农业和农产品发展具有十分重要的意义。

3. 防范市场风险，强化社会服务

蔬菜的鲜嫩周期有限，市场价格多变，供求矛盾转化快，因此，帮助企业和农户参加各种保险，建立多渠道、多层次、多元化的风险防机制十分必要；同时，还应加快市场信息服务和专业合作经济组织建设，为企业和农民提供技术、资金、销售等方面的服务。

4. 完善利益机制，强化社会化服务体系

以县农技推广中心和镇、村农技推广网络为基础，加强蔬菜生产产业化的管理和指导，重点围绕蔬菜产业化过程中的社会化服务，大力发展蔬菜专业合作社和专业协会等中介服务组织，突出其市场主体地位，鼓励农科站、协会向专业合作社转变，鼓励营销大户向经纪公司转变，以提高其在蔬菜生产中的产业化服务水平和集约化、组织化、专业化程度，通过挂龙头、联农户、跑市场、接订单，把千家万户的菜农与千变万化的市场紧密结合起来，维护广大菜农的生产积极性，促进整个蔬菜产业的健康发展。

5. 加大科技投入，进一步提升蔬菜产业档次

大力引进蔬菜新品种，加快蔬菜高效模式栽培技术、无公害栽培技术及主要蔬菜品种，及适合正定县连续阴霾天气棚室标准化技术的推广普及，提高蔬菜生产水平；引导扶持蔬菜加工龙头企业加大技改投入和招商引资力度，引进开发新产品、新技术、新工艺和先进的经营理念，促使其上规模上水平，搞好产品深加工、精包装，提高产品附加值。

第二节　蔬菜地地力评价

一、菜地土壤耕层土壤理化性状

菜地耕层土壤大量营养元素状况如表 6 – 1 所示，土壤全氮平均含量为 1.32g/kg，有机质为 17.4g/kg，有效磷 86.3mg/kg，速效钾为 201.3mg/kg，缓效钾为 2003mg/kg。

表 6 – 1　菜地耕层土壤大量营养元素状况

	全氮/ （g/kg）	有机质/ （g/kg）	有效磷/ （mg/kg）	速效钾/ （mg/kg）	缓效钾/ （mg/kg）
平均值	1.32	17.4	86.3	201.3	2003
幅　度	0.05~0.196	15.7~36.9	32.39~305	60~630	1500~3536

菜地耕层土壤中微量营养元素状况如表 6 – 2 所示，有效铜为 1.778mg/kg，有效铁为 17.09mg/kg，有效锰为 6.25mg/kg，有效锌为 3.48mg/kg，水溶态硼为 0.835mg/kg，有效硫为 31.21mg/kg，有效硅为 154mg/kg。

表 6 – 2　菜地耕层土壤中微量营养元素状况　　　　　　　　　　单位：mg/kg

	有效铜	有效铁	有效锰	有效锌	水溶态硼	有效硫	有效硅
平均值	1.778	17.09	6.25	3.48	0.835	31.21	154.0
幅　度	0.128~9.472	3.386~44	0.85~34	0.06~10.93	0.47~1.896	3.76~198.2	77.3~346

二、正定县菜地地力调查土壤养分分级及变化情况

(一) 有机质

1. 耕层土壤有机质含量及分级

正定县地处暖温带半湿润季风气候区，干湿交替明显，夏季湿热，冬季干冷，其生物、气候条件对有机物质的分解极为有利。本次蔬菜耕地地力调查化验分析耕层土壤，结果显示土壤有机质平均含量为 17.4g/kg，变化范围 15.7~36.9g/kg，85% 以上的面积含量为 14.0~26.60g/kg，有机质含量分级及面积见表 6-3。

表 6-3 菜地地力调查土壤有机质分级情况

级　　别	高	中	低	缺
范围/（g/kg）	>20	15~20	10~15	<10~12
耕地面积/亩	44347	44347	27247	0.0
占总耕地（%）	38.25	38.25	23.5	0.0

2. 不同利用类型土壤有机质含量

不同利用类型土壤有机质含量的差异，是人类社会活动对土壤影响的集中体现。蔬菜地平均为 17.4g/kg，通过调查分析认为，粮田施有机肥用量少，一般仅 500kg/亩，菜地施有机肥料多，平均达 5038kg/亩，粮田有机质中来源于大量作物秸秆，小麦和玉米秸秆还田近几年来已是正定的一项农田培肥措施，蔬菜地主要投入的是优质有机肥料，以畜禽粪便为主，随着对蔬菜优质农产品生产要求的提高，人们注意到有机无机肥料的配合施用，有机质的投入还在逐步加大，蔬菜地耕层有机质呈现递增的趋势。

3. 土壤有机质垂直分布

亚耕层（蔬菜地 25~50cm）是作物根系活动的一个重要区域，其有机质的含量状况是作物高产稳产的一个重要标志，对农产品质量也有明显影响。蔬菜地耕层有机质有明显的富集现象，本次调查亚耕层土样 68 个，有机质含量仅 5.35g/kg。亚耕层有机质含量迅速下降，25~50cm 有机质含量为耕层含量的 1/3。

土壤有机质的含量取决其年生成量和年矿化量的相对大小，当生成量大于矿化量时，有机质含量会逐步增加，反之，将会逐步降低。土壤有机质的矿化量主要受土壤温度、湿度、通气状况、有机质含量等因素影响。一般来说，土壤温度低、通气性差、湿度大时，土壤有机质矿化量较低；相反，土壤温度高、通气性好、湿度适中时则有利于土壤有机质的矿化。农业生产中应注意创造条件，减少土壤有机质矿化量。日光温室、塑料大棚等保护地栽培条件下，土壤长期处于高温多湿条件，有机质易矿化，含量提高缓慢，这是有机质含量偏低的一个主要原因，适时通风降温，减少盖膜时间将有利于土壤有机质的积累。

4. 增加有机物质施入量是人为增加土壤有机质含量的主要途径

其方法主要有秸秆还田、增施有机肥、施用有机无机复混肥 3 个方面。

（二）全氮

1. 耕层土壤全氮含量

蔬菜地耕层土壤全氮含量平均 1.32g/kg，其中露地菜地 0.90g/kg，设施菜地 1.52g/kg，不同利用类型间变化较大。含量分级及面积见表 6-4。

表 6-4　菜地地力调查土壤全氮分级情况

级　　别	高	中	低	缺
范围/（g/kg）	>2.0	2.0~1.0	1.0~0.5	<0.5
全县耕地合计/亩	0.0	54608	61333	0.0
占总耕地比例（%）	0.0	47.1	52.9	0.0

菜地耕层土壤全氮含量比较高的乡镇（如城关镇蔬菜地）平均含量在 1.10g/kg 左右，北部地区的里双店、南化等地则在 0.9g/kg 以下。

2. 土壤中氮素的主要形态

土壤中的氮素主要以有机态存在，约占土壤全氮量的 90%，而这些含量的土壤氮素主要以大分子化合物的形式存在于土壤有机质中，作物很难吸收利用，属迟效性氮肥。其余部分则以小分子有机态氮或铵态、硝态及亚硝态氮等无机态氮的形式存在，一般占土壤全氮 10% 以下，可以被植物直接吸收利用，也称速效氮。它的含量水平常作为衡量土壤供氮强度的指标。耕地土壤速效氮含量与全氮量有一定的相关性，但受人为施肥的影响较大。一般粮田和蔬菜地差异很大，蔬菜地高于粮田，其中设施菜地的含量最高。

3. 土壤全氮的垂直分布

全县亚耕层土壤有效氮含量与耕层呈相同趋势，自上而下呈下降趋势，一般粮田垂直变化较平缓，第 2 层（25~50cm 土层）含量为第 1 层的 3/4 以上；蔬菜地变化明显，第 2 层含量仅为第 1 层的 2/3。亚耕层土壤是作物根系活动的重要土层，作物养分吸收量的 1/5~1/3 从这里吸取，其养分含量对深根作物和高产作物至关重要。

（三）有效磷

1. 耕层土壤有效磷含量

耕层土壤中的磷一般以无机磷和有机磷两种形态存在，通常有机磷占全磷量的 20%~50%，无机磷占全磷的 50%~80%。无机形态的磷中易溶性磷酸盐及土壤胶体吸附的磷酸根离子和有机形态磷中易矿化的部分被称为土壤有效磷，约占土壤总磷量的 10%。土壤有效磷含量是衡量土壤养分容量和强度水平的重要指标。据调查，全县蔬菜耕地土壤有效磷含量水平较高，耕层土壤有效磷含量平均为 86.3mg/kg。蔬菜地明显高于粮田，设施菜地高于露地菜地。近年来，由于蔬菜地的大量施肥，土壤有效磷含量有了较大幅度提高。土壤有效磷含量比较高的乡镇是城关，达到 150mg/kg，较土壤普查时均有大幅度提高。含量分级及面积见表 6-5，根据含量分级标准，90% 的耕地有效磷含量为 8~168mg/kg。

表6-5 正定县菜地地力调查土壤耕层有效磷分级情况

级　别	过高	高	中	低	缺
温室范围/（mg/kg）	>100	70～100	40～70	20～40	<20
全县菜地合计/亩	17066	61355	27269	6863	3388
占总耕地比例（%）	14.7	52.9	23.5	5.9	3.0

2. 耕地土壤有效磷垂直分布

由于磷素在土壤中移动性差，亚耕层土壤含量明显低于耕层。亚耕层土壤样品分析，有效磷含量平均为30.52mg/kg。亚耕层土壤养分的含量高低与耕作深度有明显的关系，加深耕作层，可以大大提高亚耕层有效磷含量，提高作物对磷素的吸收利用。

（四）土壤钾素

土壤中的钾一般分为矿物态钾、缓效性钾和速效性钾3部分。矿物态钾约占土壤全钾的96%，存在于矿物晶格如含钾长石、云母中，在短期内不能被植物利用，仅经过物理、化学过程，被缓慢释放，补充缓效性钾和速效性钾。缓效性钾（缓效钾）主要指2:1型层状硅酸盐矿物层间和颗粒边缘的一部分钾，通常占全钾量的5%，它能用$1NH_4NO_3$提出，这部分钾与作物吸收的钾有密切关系。速效性钾（速效钾）包括被土壤胶体吸附的钾和土壤溶液中的钾，一般占全钾的1%～2%，能在短期内被作物吸收。本次耕地地力调查对耕层土壤缓效钾、速效钾进行了化验分析，其结果如下：

1. 耕层土壤速效钾含量与分布

全县蔬菜耕层土壤速效钾平均为201.3mg/kg，变化范围60～630mg/kg；设施菜地明显高于粮田和露地菜地，含量分级及面积见表6-6，根据含量分级标准，95%的耕地速效钾含量为47～257mg/kg。

表6-6 正定县菜地地力调查土壤耕层速效钾分级情况

级　别	高	中	低	缺
温室范围/（mg/kg）	>200	150～200	100～150	<100
全县耕地合计/亩	30725	37565	34116	13535
占总耕地比例（%）	26.5	32.4	29.4	11.7

2. 耕地土壤速效钾垂直分布

速效钾在土壤中移动性较大，亚耕层含量相对较高。全县平均蔬菜地亚耕层土壤速效钾含量为169.7mg/kg，为耕层含量的73.4%。

（五）土壤有效硫

全县耕地土壤蔬菜地有效硫的含量平均为92.9mg/kg，幅度为55.0～146mg/kg，耕地土壤有效硫的含量各地差异较大，区域变化不明显。正定县菜地地力调查土壤耕层有效硫含量分级及面积如表6-7所示。土壤硫主要来自母质、灌溉水、大气干湿沉降以及施肥等，土壤母质中硫含量高，可以为其形成的土壤提供丰富的原始硫化物来源。

在许多复合肥（复混肥）中含有硫元素，随着保护地栽培中各种含硫肥料的大量使用，一定数量的含硫化合物残存在土壤中，导致土壤酸化。这是近年来，保护栽培土壤酸化的一个重要原因。

表6-7　正定县菜地地力调查土壤耕层有效硫含量分级及面积

级　别	高	中	低	缺	及缺
范围/（mg/kg）	>100	75～100	50～75	25～50	<25
全县耕地合计/亩	0	12900	15449	36086	51506
占总耕地比例（%）	0	11.1	13.3	31.1	44.4

（六）微量元素

本次调查主要分析了锌、硼、锰、铁、铜、钼6种微量元素，这些元素对耕地地力和环境质量起着重要的作用。

1. 土壤有效锌

全县蔬菜耕层土壤有效锌含量平均为3.476mg/kg，在0.038～7.938mg/kg，分级及面积见表6-8。

表6-8　正定县菜地地力调查土壤耕层土壤有效锌含量分级及面积

级别	高	中	低	缺
范围/（mg/kg）	>2.0	1.0～2.0	0.50～1.0	<0.5
耕地面积/亩	56579	27014	24231	8117
占总耕地面积比例（%）	48.8	23.3	20.9	7.0

蔬菜地受其农业活动的不同影响，土壤有效锌含量有明显差异（见表6-8）。露天菜地和设施蔬菜类型的菜地，锌肥投入量大，有效锌含量平均为3.476mg/kg，幅度为0.06～10.934mg/kg，设施蔬菜地有效锌含量略高于露地蔬菜地，露地蔬菜地有效锌含量为2.6mg/kg，设施蔬菜地有效锌含量为2.8mg/kg；在生产中部分高产地块应适当考虑锌肥的施用。

2. 土壤水溶态硼

蔬菜耕层土壤水溶态硼含量平均为0.835mg/kg，幅度为0.47～1.296mg/kg，土壤硼较丰富地区，分级及面积见表6-9。

表6-9　正定县菜地地力调查土壤耕层土壤水溶态硼含量分级及面积

级别	高	中	低	缺
范围/（mg/kg）	>1.5	0.5～1.5	0.25～0.5	<0.25
全县耕地合计/亩	105737	5102	5102	0.0
占总耕地比例（%）	91.2	4.4	4.4	0.0

3. 土壤有效锰

蔬菜耕层土壤有效锰含量平均为 6.246mg/kg，变化幅度在 0.848 ~ 34.0mg/kg，分级及面积见表 6 - 10。全县蔬菜耕层属缺乏状态，今后在各类农田中可以考虑适当使用一些锰肥，境域内土壤中含量分布没有明显的规律。

表 6 - 10　正定县菜地地力调查土壤耕层土壤有效锰含量分级及面积

级　别	高	中	低	缺
范围/（mg/kg）	> 30.00	15.00 ~ 30.00	5.0 ~ 15.0	< 5
全县耕地合计/亩	5102	7769	20637	82433
占总耕地比例（%）	4.4	6.7	17.8	71.1

4. 土壤有效钼

正定县蔬菜耕层土壤有效钼含量处于较低的水平，全县平均含量为 0.778mg/kg，幅度为 0.141 ~ 1.68mg/kg，分级及面积见表 6 - 11。正定县耕层土壤有效钼的测定值均很低，今后在各类农田中可以考虑适当使用一些钼肥。

表 6 - 11　正定县菜地地力调查土壤耕层土壤有效钼含量分级及面积

级　别	高	中	低	缺
范围/（mg/kg）	> 1.0	0.5 ~ 0.10	0.3 ~ 05	< 0.3
全县耕地合计/亩	25739	64463	15420	10319
占总耕地比例（%）	22.2	55.6	13.3	8.9

5. 土壤有效铁

铁是土壤中含量较高的元素之一，全县菜地耕层土壤有效铁含量平均为 17.086mg/kg，幅度为 3.386 ~ 44mg/kg，分级及面积见表 6 - 12。与第二次土壤普查时相比，土壤铁含量表现的是增加的趋势。

表 6 - 12　正定县菜地地力调查土壤耕层土壤有效铁含量分级及面积

级　别	丰富	较丰富	高	中	缺
范围/（mg/kg）	> 20.00	10.00 ~ 20.00	4.50 ~ 10.00	2.50 ~ 4.50	< 2.50
全县耕地合计/亩	36057	20637	51478	7769	0.0
占总耕地比例（%）	31.1	17.8	44.4	6.7	0.0

6. 土壤 pH 值

正定县土壤 pH 值多为微碱性，表层 pH 值平均为 7.7，幅度在 7.3 ~ 8.2。正定县土壤 pH 值总体偏高，较适合各种作物生长，但对高产再高产不利。由于近 20 年来化肥用量增加，有机肥较少，造成土壤偏碱，土壤较板结。为此，降低土壤 pH 值，增施有机肥，种植绿肥也是正定县土壤改良的内容之一。

表 6 – 13　正定县土壤 pH 值分类表

酸碱度	指标	土样数	占（%）
中　　性	6.5 ~ 7.5	14.0	30.4
微　碱　性	7.5 ~ 8.5	32.0	69.6
碱　　性	8.5 ~ 9.5	0.0	0.0
合　　计	7.3 ~ 8.2 幅度	46.0	100.0

不同利用类型土壤 pH 值差异较为明显，设施菜地土壤 pH 值分别为 7.7。蔬菜地 pH 值明显低于粮田，主要是因为近年来，高产高效蔬菜生产的发展，大大增加了化肥、农药等农资投入量，尤其是生理酸性肥料、半腐熟有机肥料的大量施用，导致了土壤酸化，其面积有进一步扩大的趋势。

整体上，正定县菜地土壤 pH 值还是比较理想的，但个别地区土壤酸化明显，应当值得注意，在生产中应采取有效措施加于控防，以保证菜地土壤的可持续利用。

第三节　蔬菜平衡施肥建议

一、番茄平衡施肥技术

（一）番茄的需肥特性

番茄需肥较多且又耐肥。据资料，每亩生产 1000kg 番茄需从土壤中吸取氮（N）2.8kg，磷（P_2O_5）1.3kg，钾（K_2O）3.7kg，三者的比例是 1∶0.46∶1.32。番茄在幼苗期以氮营养为主，在第一穗果开始结果时，对氮磷钾的吸收量迅速增加，氮在三要素中占 50%，而钾只占 32%；到结果盛期和开始收获时，氮只占 36%，而钾已占 50%。番茄从坐果开始需钾量呈直线上升，果实膨大期吸钾量约占全生育期吸钾量的 70% 以上。直到采收后期钾的吸收量才稍有减少。结果期磷的吸收量约占 15%。番茄生育期如氮肥数量过多，不但易使植株徒长和落花，并会影响植株根系对钙的吸收引起脐腐病等病害，并发生很多生理障碍。

（二）番茄平衡施肥

科学施用肥料是取得棚室番茄优质高产的关键。如果目标产量按 6600kg 计算，需吸收氮素（N）18.6kg，磷（P_2O_5）8.6kg，钾（K_2O）24.6kg，通过试验计算（空白产量 3000kg），土壤养分供应量氮素 8.5kg，磷 3.9kg，钾 11.2kg，还需补充氮素 10.1kg，磷 4.7kg，钾 13.4kg。现根据正定县蔬菜地地力基础及番茄需肥特性提出以下施肥建议。

1. 种子处理

①浸种。将种子浸入微量元素溶液中使其吸收。施用方法为：硼肥，0.05% 硼砂溶

液浸种 4 ~ 6h；钼肥，0.05% ~ 0.1% 钼酸铵溶液浸种 10 ~ 12h。②拌种。是用少量水将微肥溶解，配制成较高浓度的溶液，喷在种子上，边喷边搅拌，使种子黏有一层微肥溶液，阴干后播种。拌种用量：每公斤种子用钼酸铵 2 ~ 6g，硫酸锌、硫酸铜为 4 ~ 6g。

2. 施足基肥

（1）基肥要以腐熟的优质有机肥为主，配以适量化肥尤其增施钾肥。地膜覆盖栽培番茄的氮素化肥的分配，一般认为，以基、追各半为宜，磷、钾肥一次施足。每亩施腐熟有机肥 2500 ~ 3000kg，过磷酸钙 70 ~ 90kg，硫酸钾 53 ~ 65kg，尿素 22 ~ 27.5kg 左右。基肥施用方法：除磷肥外可实行全层施肥，使肥料与耕层土壤均匀混合，达到土肥交融。过磷酸钙则与有机肥充分拌和后条施于种植穴内，以减少土壤对磷的固定。在番茄秧苗排于定植穴后，随即浇腐熟的粪稀 500kg（按 1:3 稀释后浇入）以稳苗。另外，为使番茄根系正常生长和提高含糖量，播种时施入少量硼肥很有效。据资料，施硼的果实含糖量可从对照的 1.95% 提高到 2.17%。

（2）另外正定县有 82438.5 亩土壤缺乏有效锰，占蔬菜地面积的 71.1%；有效钼、硫、锌含量也处于低或缺乏水平。微量元素在蔬菜上需求量虽小，但它在蔬菜代谢中的作用却很大，因此土壤微肥要作基肥使用。每亩用量：硼肥 0.5kg，硫酸锌 0.5 ~ 1kg，硫酸锰 1 ~ 3kg，硫酸铜 2kg。施用方法：在播种或移栽前，将微肥与有机肥混合均匀，结合耕地翻入土壤中。土壤基施有一定后效，不需年年施用，可 2 ~ 4 年施用 1 次。微肥适量与过量之间的范围比较窄，用量一定要准确，以免造成肥害。

3. 合理追肥

追肥原则：以腐熟有机肥为主，根据土壤肥力、气候特点及植株长势进行追肥；据土壤化验结果正定县菜地土壤速效氮含量较高，因而要在严格控制氮肥施用过量，降低果实硝酸盐含量的前提下，掌握"两头小、中间大"的追肥方法；苗期生长量小，需肥较少，要勤施，淡施，促苗生长，同时要控制肥水，防止徒长，减少病害。定植后至开花期前，浇足定根水，适当控制肥水，蹲苗，促进根系生长，植株迅速返青成活；定植后 7 ~ 10 天，结合浇水追施一次催果肥，用量每亩施粪稀 500kg。当第一穗果开始膨大时结合浇水施尿素 10kg。开花结果盛期，肥水需要量大，追肥，促进植株生长发育，开花结果，提高产量，此期要重施腐熟的人畜肥，增进品质，保证开花结果的需要；当第一穗果将近收获而第二、第三穗果膨大时，植株进入旺产期，每亩追施粪稀 1000kg 左右或尿素 5kg，最好是粪稀与氮肥交替施用，连续追肥 3 次，可以达到壮秧、防早衰和提高果实品质的目的。进入采收期，适量施清淡人畜肥，防止早衰，增加后期产量，更要控制氮肥用量，降低果实硝酸盐含量。土壤缺钾情况下，中后期追施硫酸钾 2kg，对使番茄果实色均匀，减少棱形果，提高果品质量有重要作用。据资料，施用钾肥比不施钾的果实的维生素 C 含量要增加 15.4 ~ 38.1mg/kg（鲜重），全糖含量增加 13.9 ~ 15.4g/kg。

4. 及时喷肥

番茄进入盛果期后，根系的吸肥能力下降，此时可进行叶面喷肥，常用的方法是每亩每次喷洒 1% 的尿素溶液加 0.5% 的磷酸二氢钾溶液加 0.1% 的硼砂混合液 40 ~ 50kg，5 ~ 7 天 1 次，连喷 2 ~ 3 次，有利于延缓衰老，延长采收期。对于缺乏微量元素的土壤可根据测土结果喷施硼砂或者硼酸 0.2%、钼酸铵 0.02%～0.05%、硫酸锌 0.05%～0.2%、硫酸锰 0.05%～0.1%、硫酸铜 0.01%～0.02%。喷施用量：每亩用肥液 40～60kg，因作物的大小而定，以茎叶沾湿为好。喷施时间应在无风的阴天或晴天下午至黄昏进行，以延长溶液在叶片上的湿润时间，提高肥料利用率。次数根据番茄生育期的长短喷施 2～4 次，并注意与种子处理或基肥施用相结合。

二、黄瓜平衡施肥技术

（一）黄瓜需肥特性

黄瓜生长快、结果多、喜肥。但根系分布浅，吸肥、耐肥力弱，特别不能忍耐含高浓度铵态氮的土壤溶液，故对肥料种类和数量要求都较严格。据资料，每生产 1000kg 黄瓜，需从土壤中吸取氮（N）2.6kg，磷（P_2O_5）1.5kg，钾（K_2O）3.5kg。三者比例为 1：0.6：1.35。黄瓜对氮磷钾的吸收量比较大，在光合作用强，而碳素营养良好的条件下，氮有增加花数的作用；磷素能加速植物从营养生长转到生殖生长的过程，对花芽分化也有重要作用，施足磷肥有利于雌花的发生。黄瓜定植后 30 天内吸氮量呈直线上升，到生长中期吸氮最多。进入生殖生长期，对磷的需要剧增，而对氮的需要略减，黄瓜全生育期都吸钾。黄瓜的施肥原则是以有机肥为基础，稳施氮肥，增施磷肥，重施钾肥、配施微肥。

（二）黄瓜平衡施肥

栽培黄瓜应选择土质疏松、透气性好、保肥保水能力强的肥沃土壤。肥水是调节营养生长与生殖生长的关键。如果目标产量按 6000kg 计算，需吸收氮（N）15.6kg，磷（P_2O_5）9kg，钾（K_2O）21kg，通过测试化验（空白产量 2500kg），土壤养分供应量氮 6.5kg，磷 3.75kg，钾 8.75kg，还需补充氮 9.1kg，磷 5.25kg，钾 12.25kg。所以应掌握"薄肥勤施""少量多餐"的施肥原则，防止因一次追肥过多造成烧根或肥料的浪费。

1. 施足基肥

基肥数量应该充足，但也不是越多越好，特别是氮素过剩会造成黄瓜茎、叶生长过旺，开花延迟，坐果率不高。通过田间化验，蔬菜地有机质平均为 1.74%，80% 属中等水平。通过调查分析认为，蔬菜地施有机肥料多，高达 8000kg/亩，蔬菜地主要投入的是优质有机肥料，以畜禽粪便为主，随着对蔬菜优质农产品生产要求的提高，人们注意到有机无机肥料的配合施用，有机肥的投入还在逐步加大，蔬菜地耕层有机质呈现递增的趋势。但是，由于黄瓜产量高，需肥多，基肥要足，且多施。一般有机、磷钾肥作底肥一次施足，之后不再追施，氮肥的 30%～40% 用作底肥。一般每亩基施腐熟的猪厩粪 2500～3000kg 或土粪 5000kg 以上，氮磷钾复合肥 45～50kg，12% 磷肥 60～70kg、硫酸钾肥 30～35kg。施用时要求肥料与土壤混匀，使土壤肥力均匀，黄瓜营养平衡。

2. 巧施追肥

黄瓜的生育期较长，要连续多次采收，需肥需水量较大。因此，在施足基肥的基础上，还要进行多次追肥。

（1）提苗肥：在定植后到抽蔓开花初期，植株吸收的养分只占全生育期总吸收量的 10% 左右，所以一般黄瓜定植缓苗后，只追施 1 次提苗肥，每亩用尿素 2~3kg。距离植株 5cm 开沟施入，覆土后马上浇水，也可浇施 2~3 次 20%~30% 的人畜粪水。提苗肥以后，植株生长逐渐加快，黄瓜叶面积逐渐扩大，这一时期切不可追肥浇水，主要以中耕松土为主，以免植株茎叶生长过快造成徒长而影响坐瓜。

（2）巧施坐果肥。黄瓜为无限花序，结果期较长，要求每摘一次果后需要补以水肥。追肥应掌握轻施、勤施的原则，一般每隔 7~10d 追 1 次肥，每次每亩用尿素 2~4kg，并配以腐熟的粪稀，全生育期共追肥 7~9 次。夏秋露地黄瓜，结瓜后，一般每10~15d 追肥 1 次，每次亩施尿素 3~5kg。结瓜盛期肥水要充足。

（3）重施钾肥。正定县 70% 耕地土壤速效钾含量处于中等和中等以下水平，所以必须追施钾肥。钾对花芽分化也有促进作用，特别是在黄瓜幼苗发育初期，氮肥丰富而钾不足时，会使雌花减少。钾对促进营养生长和生殖生长的平衡发展，增强黄瓜抗病性和改善黄瓜品质均有良好的作用。重施钾肥，黄瓜条直产量高。据有关研究，黄瓜生长初期缺钾，难以得收成；生育前半期缺钾，其产量仅为全生育施钾的 1/9；后半期缺钾，尚还有 1/3 的收成。钾肥一般用作基肥施入，可适量，由于黄瓜需钾量大，不能少施。

（4）结合喷施叶面肥。据实践，在生长中期喷施 0.2%~0.3% 磷酸二氢钾溶液，有良好效果。在夏秋露地黄瓜生产中，"处暑"后天气转凉，可叶面喷施 0.2% 磷酸二氢钾和 0.1% 硼酸溶液，以防化瓜。

3. 微肥施用

作物对微肥吸收量较少，但作用较大，施用要严格掌握用量和浓度，并要施用均匀，在土壤缺少某种元素时施用才有效，否则不但不能增产还可能产生危害。

对于黄瓜而言，应特别注意钙、硼、铁、锌、镁几种元素的测定及补充。通过测定化验土壤中有效铁含量丰富，有效钙、有效锌含量高，水溶态硼、有效镁含量为中等。钙、镁主要采用土施（钙镁磷肥、过磷酸钙与有机肥混施即可），而硼、铁、锌应严格控制，只有在确实缺乏时方可补充，以免造成毒害。硼肥主要品种有硼酸、硼砂、含硼复合肥料。硼肥可作底肥、追肥、种肥或根外追肥，可单独施用也可和其他肥料或干细土混匀施用。蔬菜缺铁，植株矮小失绿，失绿症状首先表现在顶端幼嫩部分，叶片的叶脉间出现失绿症状，在叶片上明显可见叶脉深绿，脉间黄化，黄绿相间很明显，严重时叶片上出现坏死斑点，并逐渐枯死。适于蔬菜的铁肥有硫酸亚铁、硫酸亚铁铵、有机络合态铁等，都是二价铁，蔬菜能够吸收利用。

微肥一般以叶面喷施的方式补充，具体方案：0.2% 硼砂于开花初期—盛花期每隔1 周喷 1 次，持续 3 次；0.3% 硫酸亚铁 +0.1% 尿素混合液于生长期隔周喷 1 次，持续3 次；0.2% 硫酸锌 +0.1% 尿素混合液于生长期隔周喷 1 次，持续 3 次。

第四节　蔬菜地改良利用与蔬菜产业可持续发展

一、蔬菜地改良与利用

近年来，商品菜大量生产，菜地利用率高，投入多、产出多、商品多、收入多，但长期掠夺性地耕作，对土壤破坏大，不能持续稳定地增产增收，因此在生产中要特别注意改良与利用。

（一）菜田性质的变化

1. 土壤板结、盐渍化现象显现

正定县大部分菜区，都存在长期大量不合理施用化学肥料的现象，化肥的大量使用会导致土壤团粒结构破坏严重，透气性降低，需氧性的微生物活性下降，土壤熟化慢，从而造成土壤板结。土壤板结对蔬菜的危害是根系下扎困难，即使根系能扎下去，也会因土壤含氧量过低，出现沤根现象。土壤盐渍化是指长期过量施用化肥后，土壤中盐离子增多，阻碍蔬菜根系正常吸水，从而影响植株生长。

2. 微量元素缺乏

连作是蔬菜种植的普遍现象，然而连年种植蔬菜容易造成土壤养分的偏耗，特别是硼、锌、铁等微量元素，由此引发的缺素症越来越严重，大大影响了蔬菜的生长发育，造成产量减少、品质下降。

3. 土壤活化层变薄

连茬套作、人工翻耕、大水漫灌、未用机械深耕、不进行深耕，这些耕作方式会令土壤变薄变浅，致使活化层根系无法平展深入，移栽时带过的土球，更是容易令土层变贫瘠。

4. 土壤病虫累积

大面积的种植、品种单一的连作、不科学的管理，均会造成土壤中病原菌、害虫逐年累积不断增多，对蔬菜的危害日趋加重。

（二）正定县菜田的改良措施

首先，土壤板结、盐渍化的改良。增施有机肥，有机肥经土壤微生物分解后，形成宝贵的有机胶体——腐殖质，使土壤疏松肥沃，缓解盐渍化，改善土壤团粒结构和理化性质，既能增强土壤通气透水性和保水、保肥、蓄热能力；又能提高土壤环境容量和自净能力，保证蔬菜根系发育，提高抗病、抗灾能力。采取深耕地措施，结合整地，适量掺沙，改善大棚土壤的物理性状，增强大棚土壤的通透性。

其次，补充微量元素是解决土壤缺素症的有效措施。补充微量元素一要选对产品，二要选好使用时间，三要掌握用量。补充微量元素有3种方法：一是底施，二是冲施，三是叶面喷施。

再次，由于不同种类蔬菜吸收土壤养分情况不同，同一块菜地不要连年种植单一品种蔬菜，可经常进行多种类的换茬轮作，尽量混交立体种植，保持生物多样性。实施轮作可以充分利用地力，减少病虫害的发生，促使土壤环境优化，减轻毒素的毒害作用。

此外，种植蔬菜应利用种植间隔期进行深耕翻土，对菜地要设法加厚活土层，在每一次施用过基肥后，都要深耕30cm以上并充分拌种，以增加土层之间的上下交换，增强土壤的蓄水保墒能力。

二、蔬菜产业可持续发展对策

1. 加大宣传培训力度，提高蔬菜产业化发展意识

要充分利用现代化宣传媒体，对正定县内蔬菜种植能手进行典型宣传、电视报道，组织农民学习观摩，现场接受教育和学习技术。引进新品种、新技术和新的栽培模式，通过典型宣传使干部群众的产业化生产意识得到提高，营造良好的发展氛围。

2. 狠抓蔬菜销售市场体系建设，促进农民增产增收

加强西关蔬菜批发市场、陈家疃蔬菜交易市场、曲阳桥食用菌交易市场建设，规范交易行为，提升服务水平；积极探索连锁配送、超市专卖等现代营销方式，大力推进产销对接、农超对接、农企对接。健全蔬菜销售市场体系，促进农民增产增收。

3. 抓好农业标准化生产，提升农产品质量安全水平

一是抓好农业标准化生产。着力抓好农业标准化示范区建设，严格落实标准化栽培技术规程。以点带面，促进正定县农业标准化工作的开展。二是完善农产品质量检测体系。以蔬菜生产为重点，以产地管理为中心，健全完善市场、产地两级农产品质量检测体系，县级检测中心边完善、边提高，搞好对重点生产基地、批发市场的制度化定期抽检、公布，切实发挥无公害蔬菜生产基地的检测和监督作用，逐步实现产地自检。三是探索建立农产品质量追溯制度，对基地编码，棚室、地块编号，建档立卡，对销售产品跟踪溯源，促进标准化生产，搞好无公害生产基地环评、无公害农产品质量认证申报工作，确保农产品质量安全。

4. 政策倾斜，资金扶持

要贯彻执行好国家关于蔬菜产业开发的各项方针政策和正定县已出台的各项激励措施，建立合理的土地流转机制，鼓励农民从事蔬菜生产，开通区内绿色通道，给蔬菜产业创造一个良好的产销环境。争取市、县专项资金，支持蔬菜产业发展，争取银行、信用社等金融部门信贷资金对菜农进行扶持，整合农业综合开发、农业基础设施建设等项目资金向蔬菜产业倾斜，同时，积极向上争取国家、省、市、县产业化项目，完善农业招商引资优惠政策，吸纳社会资金投入到蔬菜产业开发中来。

第七章 中低产田类型及改良利用

截至 2011 年，正定县耕地面积 44.59 万亩。通过耕地地力评价分析，全县耕地地力水平分为 6 级，1 级、2 级地为高产田，面积 200655.0 亩，占总耕地面积的 45.0%；3 级、4 级地为中产田，面积 173488.5 亩，占总耕地面积的 38.9%；5 级、6 级地为低产田，面积 71731.5 亩，占总耕地面积的 16.5%。提高中、低产田单产水平，是正定县增加粮食总产量的关键所在。中低产田主要特点是：位于正定北部部分，土壤肥力较低，灌溉条件差，保水保肥性能弱，受干旱威胁严重，土壤利用限制较大。

第一节 沙土改良型

一、面积与分布

正定县沙土改良型半低产田主要分布在正定县北部，老磁河故道沙带，该类土壤的面积为 23835 亩，占全县总耕地面积的 5.35%。

二、主要障碍因素及存在问题

老磁河故道沙带，土壤以沙质褐土为主，间有小片沙壤和轻壤，耕层薄，土壤肥力低下，养分含量有机质平均为 5.8g/kg，全氮 0.31g/kg，有效氮为 32mg/kg，有效磷为 11.5mg/kg，速效钾为 77mg/kg，土壤供肥能力低，作物产量低。该片土质多粗沙，渗漏性强，地面覆盖率低，水分蒸发量大，干旱也是该区域土壤的主要限制因素，主攻方向是防风固沙，增加有机质，逐步改善土壤结构，提高土壤保墒能力。

三、改良利用措施

改良含沙量高土壤最为有效的方法就是客土改造。耕层含沙量高，可采取四泥六沙的土质比例进行改造；土体下层含沙量高的漏水漏肥耕地可采用好土替换下部沙土的办法进行改造，替换厚度一般为 50cm 为宜。此外，还可增施有机肥，提高土壤肥力，合理的作物轮作，达到调整土壤的养分供应能力，实现作物高产的目的。该地区适宜发展林业，开发果园，种植花生、豆类等果油品种。

第二节　瘠薄培肥型

一、面积与分布

该型半低产田主要分布在老磁河故道和滹沱河近岸区域，涉及南楼乡、曲阳桥乡、诸福屯镇 3 个乡镇，土壤面积 36360 亩，占全县总耕地面积的 8.15%。

二、主要障碍因素及存在问题

土壤大部分为沙壤或表层轻壤间层夹沙，耕层薄，肥力低，保水保肥弱，有机质在 15g/kg 以下，速效氮 75mg/kg，有效磷 15mg/kg，有效钾低于 80mg/kg。由于土壤含沙漏水漏肥，地面蒸发量大，加之地下水位下降，干旱也是该区域的限制因素，主攻方向是改善土壤结构，提高地力水平，增施有机肥和钾肥。

三、改良利用措施

有机、无机肥料结合施用，适当增施有机肥，以改善土壤结构，增强土壤的保水、保肥能力，并提高土壤肥力，适量增加钾肥用量。通过测土配方施肥技术的推广应用，补充土壤中的养分元素，实现土壤的养分平衡。此外，还可修建田间防渗工程，提高耕地灌溉用水的利用率和生产率。该地区适宜种植耐旱耐瘠薄作物，选择节水抗旱品种。

第八章　耕地资源合理配置与种植业布局

第一节　耕地资源合理配置

一、耕地数量与人口发展趋势分析预测

（一）正定县耕地数量与人口变化及原因分析

1949 年正定县耕地面积为 56.73 万亩，2000 年耕地面积为 49.31 万亩，51 年间减少了 13.08%，平均每年减少 1455 亩。这主要是 20 世纪 80 年代以后，由于国家经济建设迅速发展、建设用地不断增加以及农业生产内部结构的调整，占用了大量的耕地，导致耕地面积减少。2000 年区划后耕地面积为 40.96 万亩，随着政府对耕地保有量的不断重视，区划后耕地面积有所增加，2010 年增至 44.84 万亩。

与耕地面积不断减少的趋势相反，新中国成立以来，正定县人口持续增长，1949 年为 26.4 万人，2000 年达到 55.3 万人，其间增加了 28.9 万人，平均每年增加 0.57 万人。2000 年区划后，全县人口 44.1 万人，2010 年增至 46.8 万人，人口增长率明显降低，平均每年增加 0.27 万人。与人口不断增加的趋势相反，正定县人均占有耕地面积将会持续呈现下降的趋势。人均占有耕地面积由 1949 年的人均 2.15 亩，减至 2009 年的人均 0.96 亩，低于全国、全省人均 1.4 亩的平均水平。由此可见，人地矛盾日益尖锐。

改革开放以前，政府部门没有专职土地管理机构，土地利用管理分散，职责不清，造成耕地流失严重。土地管理机构成立后，由于经济发展，企业大量增加及农业产业化结构调整，农民建房占地、交通运输用地、水利工程用地、民航机场用地都占用了大量耕地，致使耕地面积继续减少。2000 年后，政府增强了对土地管理的意识，非农业减少用地得到了严格的控制，耕地面积趋于稳定。

（二）正定县耕地数量与人口发展趋势预测

针对日益严峻的人地矛盾问题，正定县县委、县政府高度重视，从县情实际出发，坚持"一要吃饭、二要建设"的土地利用基本方针，既要做到稳定耕地，巩固农业在国民经济中的基础地位，又要满足为国民经济建设各部门提供用地的需求。搞好耕地保护区划，对保护好耕地、确保粮食稳定增产和经济持续快速发展具有重要意义。因此，今后全县耕地数量将逐步趋于稳定，耕地总量实现动态平衡。

正定县认真贯彻落实党中央、国务院的人口与计划生育路线、方针、政策和关于加强人口和计划生育的各项决定，计划生育工作在正定县效果显著，人口过快增长得到了

有效控制（见表8-1）。全县人口总量将在一定时期内保持近乎平衡状态，今后20年，全县人口数量将继续保持增长，但速度将趋于平缓。

表8-1　正定县人口耕地变化

年度	耕地/百亩	人口/万人	年度	耕地/百亩	人口/万人	年度	耕地/百亩	人口/万人
1949	5673	26.40	1986	5289	47.71	区划后	4096	44.06
1952	5575	27.60	1988	5274	50.08	2001	4096	43.73
1957	5469	31.25	1990	5265	54.08	2002	4096	43.51
1965	5353	35.19	1991	5260	54.51	2003	4096	43.47
1970	5333	39.18	1992	5257	54.81	2004	4096	43.71
1971	5330	40.04	1993	5229	55.18	2005	4096	43.89
1975	5322	42.06	1994	5168	55.56	2006	4449	44.28
1976	5320	42.47	1995	5183	55.95	2007	4484	44.78
1978	5311	43.22	1996	4955	53.99	2008	4484	45.21
1980	5308	44.15	1997	4937	54.11	2009	4484	45.87
1981	5307	44.82	1998	4933	54.31	2010	4484	46.82
1983	5303	46.16	1999	4931	54.65			
1985	5297	47.04	2000	4931	55.28			

注：本表数据来源于2011年正定县国民经济统计资料。

（三）耕地保护的对策

1. 提高认识，强化市民对耕地尤其是基本农田的保护意识

保护耕地就是保护人类的生命线。耕地资源涉及国家粮食安全、社会稳定、经济安全和生态安全，对这一紧缺资源要从地区经济、社会发展和社会稳定的战略高度充分认识其重要意义；认清耕地资源的严峻形势，坚持实行最严格的土地管理制度不动摇，切实改变重视经济发展、忽视耕地保护的片面认识，处理好保护与发展的关系。深入宣传耕地保护在正定县经济和社会发展中的重大战略意义，让全县人民充分认识耕地及基本农田保护的必要性和重要性。通过电视、报纸、互联网等新闻媒介和公益广告等多种途径，广泛宣传耕地尤其是基本农田保护的重要性、必要性、紧迫性，使基本农田保护家喻户晓、深入人心，形成一个人人知道农田保护、人人遵守农田保护、人人监督农田保护的社会环境。

2. 科学划定永久基本农田，落实有效保护空间

从正定县作为全国粮食基地的县情出发，对土壤理化性状和农田基本建设设施条件好的耕地，土地生产率高、面积集中连片、集约化程度高、旱涝保收、稳产高产田科学划定永久基本农田。这对于基本农田保护具有重要的现实意义。

3. 加快社会主义新农村建设，实现土地集约化利用

结合社会主义新农村建设，进行统一规划。对村庄建设进行科学论证，统一制定具

有科学性、前瞻性和可操作性规划。调整好中心村的住宅建设预留地，加大对旧镇旧村改造的力度，分批实施撤并自然村计划，引导人口向中心村和城镇集聚，达到实现土地集约化利用的目的。被撤并的自然村土地，应制定复垦措施，根据复垦土地用途给予享受复垦补助政策和折抵用地指标政策，从而引导和调动镇村两级治理"空心村"的积极性。这样做，不但弥补了旧镇旧村改造资金的不足，而且还可缓解全县建设用地指标严重短缺的困难。

二、耕地地力与粮食生产能力分析

耕地是由自然土壤发育而成的，但并非任何土壤都可以发育成为耕地。能够形成耕地的土地需要具备可供农作物生长、发育、成熟的自然坏境。具备一定的自然条件是指：①必须有平坦的地形；②必须有相当深厚的土壤，以满足储藏水分、养分，供作物根系生长发育之需；③必须有适宜的温度和水分，以保证农作物生长发育成熟对热量和水量的要求；④必须有一定的抗拒自然灾害的能力；⑤必须达到在选择种植最佳农作物后，所获得的劳动产品收益，能够大于劳动投入，取得一定的经济效益。凡具备上述条件的土地经过人们的劳动可以发展成为耕地。这类土地称为耕地资源。

耕地不仅是一个国家或地区粮食生产的物质基础，也是粮食综合生产潜力的基础，直接关系到国家或区域粮食安全、农业经济发展和农村社会的稳定。保护耕地的数量和质量、提升粮食综合生产能力，对正定县经济发展起到推动作用。

（一）耕地地力及粮食生产概况

据 2009～2010 年正定县土壤调查化验项目，初步掌握了当地主要耕地类型的肥力现状。土壤耕层养分含量中，有机质、全氮、有效磷、速效钾的含量较第二次土壤普查有一定幅度提高。耕层土壤平均有机质含量为 20.24g/kg，全氮含量 1.1g/kg，有效磷为 33.8mg/kg，速效钾为 124.81mg/kg，正定县大部分地区有机质、有效磷含量水平偏高，全氮、速效钾含量都属中等水平。从微量元素来看，正定县耕地土壤的水溶态硼缺乏，少部分耕地缺有效锌，有效铁、铜仅极少量缺乏，而有效锰不缺乏。总体来看，土壤养分水平在全国属于中等水平，在河北省属于上等水平。

2010 年，全县粮食播种面积为 64.09 万亩，较上年增加了 582 亩。粮食产量达到 31.99 万吨，其中冬小麦播种面积 31.83 万亩，总产量达到 13.45 万吨；玉米播种面积 30.31 万亩，总产量达 17.00 万吨，较上年增长 0.34%。

（二）粮食生产与粮食生产能力

1. 粮食生产的基本特征

（1）基础性：粮食是人类历史上最悠久的一种产品，是人民的生活必需品，是其他任何产品无法取代的。

（2）战略性：粮食还是一种特殊的战略性商品，它不仅涉及国家经济社会的各个领域，而且也是国际贸易、国际商战、国际政治斗争中的一种战略武器和政治筹码。粮食的多寡涉及一个国家的粮食安全和社会稳定，这与一般商品是完全不同的。

（3）弱质性：粮食生产是在一定的土地、水、光照、二氧化碳等条件下，植物通过光合作用，把光能转化为化学能储存在粮食中的过程。可见，粮食生产对自然资源具有高度的依赖性，这是区别于其他行业生产的最主要特征，另外，种粮收益低也是粮食生产弱质性的表现。

（4）公益性：粮食生产经营过程中的许多具有公共物品性质的基础设施，尤其是科研、技术推广、道路、水利设施等，需要政府通过公共投资或相应的支持措施来解决。

2. 影响正定县粮食生产能力的因素

耕地粮食生产能力决定于两个方面：一方面是用于粮食生产的耕地资源的数量，另一方面是耕地的单产能力。

近60年来，正定县耕地面积一直呈下降趋势，耕地面积从1949年的56.73万亩下降到2000年（区划前）的49.31万亩，区划后（2000年）耕地面积为40.96万亩。2006年以后，随着耕地后备资源的开发和耕地占补政策的实施，耕地数量有所回升，至2010年耕地面积达到44.84万亩。

三、耕地资源合理配置意见

正定县土地面积468km²，境内土壤类型可分为褐土、潮土、水稻土3个土类，7个亚类，9个土属，24个土种。褐土为第一大土类，面积697991亩，占总土地面积的80.82%，其中包括石灰性褐土、潮褐土、褐土性土3个亚类。除滹沱河及其沿岸，均属褐土区。潮土类面积占总耕地面积的18.41%，包括潮土、脱潮土、湿潮土3个亚类。水稻土面积最小，占总土地面积的0.77%，主要分布在周汉河上游一带。

土地利用构成与地形、地貌等自然条件密切相关，以平原为主的地形特点决定了正定县土地利用结构中耕地所占比重最大，其他土地最少。2010年全县耕地面积44.84万亩，粮田32.74万亩，其余为油料、蔬菜等经济作物。近年来，随着市场经济的发展，绿色蔬菜、粮油、优质粮食发展很快，已经成为农业经济的主要增长点。根据权限经济发展情况，农民种植习惯以及耕地土壤特点，合理规划和配置耕地资源，最大限度地发挥耕地利用率。以农业增效、农民增收为目标，以传统农业向城郊型农业转变为方向，全县重点发展4个特色农业种植区：①以正定镇、南楼乡为中心的精细蔬菜种植区，种植面积42423亩；②以曲阳桥乡为中心的食用菌种植区，种植面积1520亩；③以南楼乡、曲阳桥乡、新安镇为中心的花生种植区，种植面积42019亩；④以北早现乡、曲阳桥乡为中心的优质杂粮种植区。

第二节　种植业合理布局

一、种植业布局现状

正定县土地资源丰富，气候属典型的温带海洋季风气候，光照充足，四季分明，农业条件优越，是传统的农业大区。耕地土壤以壤土为主，土层深厚，质地适中，地势平坦，土壤肥沃，适宜优质粮食作物、经济作物、蔬菜的生产。

（一）粮食作物

1. 冬小麦

各乡村普遍种植冬小麦，2010 年，全县冬小麦种植面积 31.83 万亩，亩产 451kg，总产 143534t，总产值 30286 万元。冬小麦主要品种有济麦 22、良星 66、石麦 18、藁优 2018、衡 4399 等。

2. 夏玉米

各乡村普遍种植夏玉米。2010 年，全县夏玉米种植面积 30.31 万亩，亩产 561kg，总产 170012t，总产值 29922 万元。夏玉米主要品种有郑单 958、蠡玉 35、三北 21、洵单 20 等。

（二）经济作物

1. 棉花

棉花是正定县传统经济作物，1949 年全县种植面积 10.46 万亩，到 1957 年全县棉花种植面积为 16.37 万亩，达历史最高点。1985 年以后，棉花种植面积急剧减少，到 2010 年全县棉花种植面积仅 1 万亩，种植区域主要分布在南楼乡、诸福屯镇、曲阳桥乡，其他乡镇也有种植，但多为零星种植。亩产皮棉 56kg，总产 560t，总产值达 1658 万元。

2. 花生

花生在各乡镇均有种植，以南楼乡种植面积最大，达 1.66 万亩，其次为曲阳桥乡、新安镇。2010 年全县种植面积 7.06 万亩，亩产 275.5kg，总产量为 19439t，种植品种主要有冀花 2 号、冀花 5 号、冀油 4 号、花育 16、花育 19 等。

3. 大豆

大豆产量、经济效益低，加之种植期间病虫害多，管理较为烦琐，所以近年来，大豆种植面积始终不高。2010 年全县大豆种植面积 1.53 万亩，平均亩产 259kg，总产量 3962t。

4. 甘薯

正定甘薯种植历史悠久，因管理烦琐、产量不高等因素，现今种植面积仅 4248 亩。南牛乡、新安镇种植面积占全县种植面积的 87.71%，其余 12.29% 分布在北早现乡、西平乐乡、新城铺镇。亩产 566kg，总产量 2403t。

5. 中草药

正定县中草药种植面积 277 亩，其中南楼乡种植 162 亩，南牛镇 80 亩，西平乐乡 35 亩。中草药总产值达 171 万元。主要品种有板蓝根、甘草、桔梗、黄芪、蒲公英等。

（三）蔬菜

蔬菜种植遍布全县各乡村，是正定县农业生产的特色产业，主要生产西红柿、黄瓜等生鲜蔬菜。2010 年，蔬菜种植面积达 11.8 亩，产量 80.96 万吨；其中设施蔬菜 2.93 万亩，食用菌 2738 亩。蔬菜种植面积最大的 3 个乡镇分别是正定镇、南楼乡、北早现乡，种植面积占全县种植面积的 50.26%。

二、当前种植业布局存在的问题

自 1998 年正定县种植业实行结构调整以来，全县农业产业化经营逐步推进，生产的质量和效益稳步提高，种植业竞争力明显增强，但仍面临着许多需要研究解决的问题。

（一）主导作物尚未形成规模

农业结构调整的核心是根据市场需求，利用资源优势，确定主导产业。由于精品意识不强，品种更新及栽培技术落后，正定县种植业的主导作物尚未形成较大规模。往往是遍地开花，而未能形成品牌优势，市场竞争力弱。

（二）优质作物种植少，优势产品不突出

正定县优质农作物发展慢，种植面积小，专用品种少。优质小麦、玉米种植面积不成规模，混杂收割现象严重，自食率高，产品优势没有形成商品优势，不能给农民带来较大收益。油料作物花生的种植更是缺乏品质上的更新，成油品质差，市场竞争力弱。

（三）产业化程度不高，农产品附加值较低

在农业进入新阶段后，产业化程度的高低，直接决定区域农产品的竞争力。但是正定县的涉农加工企业相对较少，而且加工企业与农民的连接不够紧密，部分生产、加工手段滞后，很多还是小作坊生产，成本高，农产品的附加值提升较慢，有影响力的品牌比较少，从而限制了产业整体效益的提高和区域经济的发展。种植业专业化协会虽多，但是真正起作用的少，农产品销售中介组织缺乏，导致生产的盲目性和价格、效益的波动性大。

（四）市场竞争力低

正定县农产品种类繁多，但名特优产品少，尚未形成自己的名牌产品，产品产量高，但商品率低，有销路，但不成规模，市场竞争力差。

三、种植业结构调整的基本方向

（一）种植业结构调整要以政策为准绳

农业种植业结构的调整是一项集政策性、科学性和群众性为一体的战略体系。种植业结构的调整应在了解党的各项方针政策的前提下因地制宜确定工作重点和战略目标并落到实处。正定县可大力发展"两高一优"农业，推进农业产业化。利用国家各项政策，围绕城市建设和市场需求，发展特色农业等。

（二）种植业结构调整要以"优"为中心

优质是种植业结构调整的主要目标。农业种植业结构调整，要紧紧围绕"优质、高产、高效"这一战略目标及时淘汰产量低或品质差的老品种，大力引进并推广适应性广、抗性强、产量高、加工用途多样的粮、棉、油、果、蔬等新品种，以满足国内、国际市场不同层次的需求。

（三）种植业结构调整要以特色占先机

发展特色农业，必须在"名、特、优、稀、新"上下功夫，开拓致富门路。发挥

自身地理、环境及市场优势，宜粮则粮，宜菜则菜，大力扶植或创建名牌产品。

（四）种植业结构调整要以市场为导向

只有农产品商品化了才能体现结构调整的意义。农业结构调整应始终坚持以市场为导向以科技为依托、以效益为中心的根本原则。我国农民信息意识不强，缺乏按市场需求进行生产和参与竞争的能力，生产带有很大的盲目性。同时，这种小规模生产的组织程度低，不能与国际市场相衔接。因此，搞活市场就必须加强信息服务，减少盲目生产，以销定产；还可培养自己的流通组织，形成多渠道、多形式流通网络，开辟农产品销售"绿色通道"，促进农产品商品化。

（五）种植业结构调整要以规模求发展

20世纪80年代初期，我国农村实行家庭联产承包责任制，提高了农民生产积极性，使粮食产量大幅提升。在农业生产进入新阶段的形势下，也暴露出了一些弱点：农地经济分散，难以形成规模效益。小规模分散经营不利于引进资金和技术，而且单个农户从市场获得信息的能力有限，市场参与程度低，也没有足够的能力抵御自然灾害、技术创新的风险，不利于农业生产的社会化、规模化和集约化。事实证明，实现区域化种植、规模化生产是农产品走向市场、获得最大经济效益的有效途径。

四、种植业布局分区建议

依据全县社会经济条件、耕地与人口、土地利用程度、耕地地力分析，按照农业发展集约化、规模化、标准化生产，以提高农产品品质和效益为原则，以农业增效、农民增收为目标，提出正定县种植业布局分区建议。

（一）中部高效农业区

该区位于正定县中部，由正定镇组成，充分利用其区位优势，大力发展优质粮食、精细菜、花卉、观光农业，是融生产加工、生活为一体的高效农业区。

（二）北部创汇农业区

该区位于正定县北部，由新城铺镇、西乐乡等乡镇组成，充分利用当地的企业特色优势，发展蔬菜生产、粮油、畜禽加工为主导产业的农工商一体化、农科教同时并举的外向型高效农业区。

（三）东北部规模养殖区

该区由诸福屯镇、南牛乡、新安镇等乡镇组成，主要以发展奶牛、瘦肉猪、蛋鸡等养殖以及饲料种植为主，形成养殖基地和饲料生产基地。

（四）西北部农业科技推广区

该区由南楼乡、北早现乡、曲阳桥乡等乡镇组成，主要以发展粮油、食用菌、苗木和优质杂粮等为主，形成应用高新技术组织生产、加工的推广区。

第九章　耕地地力与配方施肥

第一节　施肥状况分析

正定县 2010 年化肥用量约 44864t（折纯），其中氮肥 25373t（折纯）、磷肥 6571t（折纯）、钾肥 2120t（折纯）、复合肥 10800t（折纯）。全县化肥主要品种有：三元复合肥（15－15－15），占肥料品种的 45%；二元复合肥（氮、磷），占肥料品种的 5%；主要作物专用肥，占肥料品种的 3%；单质肥料如尿素、氯化钾、硫酸钾、碳酸氢铵，占肥料品种的 47%。小麦、玉米、蔬菜底肥以施用三元复合肥和专用肥居多，追肥为尿素。

一、农户施肥现状分析

（一）施肥情况

冬小麦施肥习惯：小麦底肥随播种施入土中。底施三元素复合肥 35～50kg（条施），追施尿素 15～25kg（撒施）。每亩氮、磷、钾平均用量分别为 15.5kg、5.9kg 和 6.0kg。

玉米施肥习惯：玉米底肥随播种施入土中。底施复合肥 35～50kg（条施），追施尿素 15～30kg（撒施）。每亩氮、磷、钾平均用量分别为 15.5kg、6.0kg、6.0kg。

（二）存在的问题

（1）氮肥、磷肥施入量大：正定县中南部尿素投入量大，小麦、玉米一般亩均施 25kg，每亩浪费尿素 7.5kg。一些经济作物种植面积大的乡镇，复合肥用量大，土壤中磷含量高。

（2）钾肥、微肥投入不足：正定县农民钾肥亩均施用不足 6.5kg（纯钾），根据正定县土壤养分状况和各类作物钾需求，施用量还有些不够。正定县农民没有施用微肥习惯，现在有些地块表现出缺硼、锌、硫等种微量元素。

（3）肥料使用方法不正确：小麦春季追施尿素，大水漫灌，肥料流失严重。玉米追肥撒施尿素，大量氮素挥发、流失，不仅降低肥效，增加成本，而且污染环境。另外，钾肥底施应改为 2/3 底施，1/3 追施，因钾肥底施易淋溶，影响后期供肥。

二、不合理施肥造成的后果

（1）化肥浪费严重：化肥利用率低、浪费严重，生产成本增加，单位肥料增产效果降低，增产不增收。

（2）作物营养不平衡：由于施肥养分配比不合理，导致了农作物营养不平衡，病害增多，影响产量。

（3）破坏土壤结构，影响农业可持续发展：长期的偏施氮、磷肥的习惯，造成了土壤养分不平衡，供肥能力降低，导致土壤板结，结构变差，综合地力下降。

（4）造成环境污染：化肥的大量使用，引起地下水、地表水富营养化，污染了生态环境。

（5）导致农产品品质下降：长期的大量的化肥施用，使农产品的品质下降，营养成分减少，影响了农产品的市场竞争力。

三、对农户施肥现状评价

（一）合理性评价

从以上分析结果与施肥指标体系对比来看，正定县主要作物与传统施肥配比存在不合理现象。

小麦：全县平均氮肥用量 20.6kg/亩、五氧化二磷用量 6.4kg/亩、氧化钾用量 6.4kg/亩。根据土壤地力与施肥指标体系看，氮肥可以减少 3～6kg/亩，磷肥可减少 2～3kg/亩，钾肥增施 2～3kg/亩。

玉米：全县平均氮肥用量 22.7kg/亩、磷肥用量 6.4kg/亩、钾肥用量 6.4kg/亩。根据土壤地力与施肥指标体系看，氮肥可以减少 5～8kg/亩，磷肥可以减 3～5kg/亩，钾肥可以适量增施 2～3kg/亩。

（二）提高农民科学施肥的方法与措施

（1）加强技术宣传与培训：将测土配方施肥技术作为"科技入户工程"的第一大技术进行推广，着力加强技术培训工作；充分利用新闻媒体作用，充分利用县电视台的覆盖、收视作用，加大各种类型宣传力度，让测土配方施肥技术在农民中家喻户晓。

（2）充分发挥测土配方施肥查询终端作用：测土配方施肥查询终端操作简单，查询结果简便易行，通俗易懂。所以，充分发挥测土配方施肥查询终端作用是技术培训、宣传的有力补充。

（3）施肥建议卡发放要到位：施肥建议卡是测土配方施肥技术的集成，简单易懂。最重要的是要发放到户，虽然工作强度、难度大，也不要停留在镇、村级别。

（4）搞好试验示范：试验示范是在农户中具体实施，农户可以看见直接效果，对本户、本村都有一定的示范作用，可以带动一片。试验示范布点越多，带动面积越大。

（5）技物结合，大力推广配方肥施用面积：在肥料配方田间校正试验的基础上，县土肥站提供主要农作物施肥配方，指导配方肥认定企业照方生产，镇乡技术站大力推广，直接指导农民实施配方施肥。

四、常规施肥与测土配方施肥效益分析

从表 9-1 可以看出，配方施肥肥料每亩用量比传统肥料减少，每亩可平均节省肥料成本 4.65 元。因为推广面积逐年增大，所以节省的成本非常可观。测土配方施肥技术推广有巨大潜力。

表 9-1　配方施肥与常规施肥成本比较　　　　　单位：元/亩

作物	配方肥成本	传统肥料成本	节省成本
小麦	80.2	85	4.8
玉米	81.5	86	4.5

五、测土配方施肥技术对农户施肥的影响

（一）改变错误的施肥观念

农民科学施肥观念的改变：通过测土配方施肥技术的推广与普及，农民真正感受到多施肥不一定产量高，而配方施肥是保证作物持续高产的重要措施，强化了科学施肥的观念。

对农户施肥的影响：随着测土配方施肥技术的推广，农民由原来的大肥大水，逐渐向合理施肥转变，三元等含量复合肥、磷酸二铵施用的少了，配方肥推广面积逐年扩大（见表 9-2）。

表 9-2　正定县农民施肥情况变化

年份	肥料总量/万吨	肥料用量					
		常规复合肥		单质肥		配方肥	
		用量/万吨	占比例（%）	用量/万吨	占比例（%）	用量/万吨	占比例（%）
2009	4.484	1.079	24.06	2.336	52.09	1.069	23.85
2010	4.486	1.080	24.05	2.039	45.45	1.367	30.50

（二）测土配方施肥节本增效

统计全县测土配方示范的施肥量、产量与习惯施肥对比如表 9-3 所示。结果表明：测土配方施肥的应用显著增加作物产量，N、P、K 肥料的配比更加合理，尤其显著降低氮、磷肥用量，降低了施肥成本。

表 9-3　测土配方施肥与习惯施肥施肥量和产量的对比　　　　　单位：kg/亩

项目	冬小麦											
	常规施肥				配方施肥				配方施肥——常规施肥			
	产量	N	P_2O_5	K_2O	产量	N	P_2O_5	K_2O	产量	N	P_2O_5	K_2O
高肥力	507	13.7	11.5	0	551	15.5	4.8	3.6	44	1.8	-6.7	3.6
中肥力	453	13.7	11.5	0	482	15.2	4.2	1.8	29	1.5	-7.3	1.8
低肥力	414	13.7	11.5	0	442	15.2	4.2	1.8	28	1.5	-7.3	1.8

续表

项目	夏玉米											
	常规施肥				配方施肥				配方施肥——常规施肥			
	产量	N	P_2O_5	K_2O	产量	N	P_2O_5	K_2O	产量	N	P_2O_5	K_2O
高肥力	539	17.6	0	0	580	9.2	2.1	3.6	41	−8.4	2.1	3.6
中肥力	524	17.0	0	0	547	9.2	1.8	3	23	−7.8	1.8	3.0
低肥力	475	17.0	0	0	527	9.2	1.8	3	52	−7.8	7.8	1.8

第二节　肥料效应田间试验结果

为了摸清正定县土壤养分校正系数、土壤供肥能力、肥料利用率等基本参数，取得正定县小麦、玉米在不同肥力水平下的最佳施肥比例、施肥数量、施肥方法，建立作物施肥指标体系、微量元素推荐施肥方法，构建作物施肥模型，为施肥分区和肥料配方提供依据。正定县于2009年6月到2011年10月安排落实冬小麦、夏玉米"3414"试验。

一、供试材料与方法

本试验于2009年6月分别在冬小麦、夏玉米主产区，分别选择有代表性的高、中、低地力水平田块10个，进行"3414"试验，其中小麦、玉米各选择高肥力田4块、中肥力田3块、低肥力田3块，土壤类型为褐土，基本理化性状如表9-4所示。

表9-4　冬小麦、夏玉米轮作的"3414"试验耕层土壤基本理化性状

试验地点	有机质/ (g/kg)	碱解氮/ (mg/kg)	有效磷/ (mg/kg)	速效钾/ (mg/kg)
西平乐乡南化村	19.9	97.6	26.3	116
西平乐乡中平乐村	19.6	106.5	25.9	114
西平乐乡东杜村	22.1	112.7	23.3	99
新城铺乡合家庄村	19.4	90.7	20.3	103
新城铺镇新城铺村	19.8	90.3	20.1	94
新城铺乡东平乐村	18.9	96.6	19.5	105
诸福屯镇南圣板村	18.8	87.8	18.9	104
诸福屯镇朱河村	19.2	93.9	15.6	89
新安镇东权城村	18.6	67.7	16.8	87
新安镇西权城村	18.4	84.4	14.9	90

1. 供试作物和肥料

（1）供试作物：冬小麦为石新733，玉米为郑单958。

（2）供试肥料：氮肥（尿素，N46%）；磷肥（过磷酸钙，$P_2O_5$16%）；钾肥（氯化钾，K_2O60%）。

2. 试验方案

（1）试验方案：试验采用"3414"完全试验方案 +1（1是可变因素，本次试验设定为有机肥）的设计，"3414"是指氮、磷、钾3个因素、4个水平、14个处理（见表9-5）。增加一个有机肥的处理15（只施有机肥，不施化肥），亩施有机肥3000kg。表中0、1、2、3代表施肥水平，0为不施肥，2为当地最佳施肥量，1为2水平×0.5，3为2水平×1.5（该水平为过量施肥水平）。

表 9-5 "3414"试验方案

试验编号	处理	N	P	K
1	$N_0P_0K_0$	0	0	0
2	$N_0P_2K_2$	0	2	2
3	$N_1P_2K_2$	1	2	2
4	$N_2P_0K_2$	2	0	2
5	$N_2P_1K_2$	2	1	2
6	$N_2P_2K_2$	2	2	2
7	$N_2P_3K_2$	2	3	2
8	$N_2P_2K_0$	2	2	0
9	$N_2P_2K_1$	2	2	1
10	$N_2P_2K_3$	2	2	3
11	$N_3P_2K_2$	3	2	2
12	$N_1P_1K_2$	1	1	2
13	$N_1P_2K_1$	1	2	1
14	$N_2P_1K_1$	2	1	1
15	有机肥			

（2）试验设计：小区面积为40m²（5m×8m）。小区之间的间隔为50cm，留有保护行，观察道宽1m。每个处理不设置重复，小区随机排列，高肥区与无肥区不能相邻。

（3）试验施肥方法及施肥量：冬小麦磷肥和钾肥全部作底肥翻入土内，夏玉米磷、钾肥作底肥施用，追肥深度在10cm以下。用于小麦的氮肥基追比例为1:2，1/3的氮

肥作底肥，2/3 氮肥作追肥，追肥分别在起身和拔节期追施。夏玉米的氮肥分两次施，
（底肥占 1/3，大喇叭口期占 2/3）。

依据作物的产量水平确定冬小麦和夏玉米的最高、最低施肥量，具体施肥量如表
9－6 所示。

表 9－6　2009～2010 年度冬小麦、夏玉米"3414"试验亩施肥水平（纯养分）

单位：kg/亩

冬小麦									
水平	高产田≥450			400≤中产田＜450			低产田＜400		
	N	P	K	N	P	K	N	P	K
0	0	0	0	0	0	0	0	0	0
1	7.5	5	5	7.5	5	5	6	5	4
2	15	10	10	15	10	10	12	10	8
3	22.5	15	15	22.5	15	15	18	15	12

夏玉米									
水平	高产田≥550			450≤中产田＜450			低产田＜450		
	N	P	K	N	P	K	N	P	K
0	0	0	0	0	0	0	0	0	0
1	7.5	2	5	6	2	4	4.5	2	3
2	15	4	10	12	4	8	9	4	6
3	22.5	6	15	18	6	12	13.5	6	9

（4）田间管理及调查：调查记载前茬作物品种、产量、病虫害发生情况、试验地
土壤类型、质地、前茬作物产量、施肥量、灌水次数、灌水时期等。

作物收获时，小麦每小区收获 $10m^2$ 单打单收测产。玉米全区收获，每小区收获后
测全部鲜重，再从中取 50kg 风干脱粒称重，换算亩产量。

二、肥料产量效应与推荐施肥量

（一）氮、磷、钾肥对冬小麦的产量效应

正定县 2009～2011 年不同地力土壤上冬小麦氮、磷、钾肥的产量效应如表 9－7～
表 9－9 所示。

表 9－7　2009 年度"3414"试验冬小麦产量　　　　单位：kg/亩

处理	高肥力	中肥力	低肥力	平均
$N_0P_0K_0$	393.0	394.3	383.7	390.6
$N_0P_2K_2$	418.0	420.7	414.3	417.7

处理	高肥力	中肥力	低肥力	平均
$N_1P_2K_2$	450.3	449.0	444.3	448.1
$N_2P_0K_2$	423.3	421.0	379.0	409.3
$N_2P_1K_2$	450.3	446.3	432.0	443.6
$N_2P_2K_2$	474.5	467.0	453.7	466.0
$N_2P_3K_2$	476.5	469.3	454.3	467.7
$N_2P_2K_0$	442.8	432.3	424.7	434.2
$N_2P_2K_1$	458.3	450.7	441.7	451.0
$N_2P_2K_3$	476.3	465.7	454.7	466.6
$N_3P_2K_2$	475.0	464.0	453.3	465.2
$N_1P_1K_2$	435.0	434.3	431.3	433.7
$N_1P_2K_1$	430.0	429.3	421.3	427.2
$N_2P_1K_1$	475.5	471.3	460.0	469.6

表 9 – 8 2010 年度 "3414 试验" 冬小麦产量 单位: kg/亩

处理	高肥力	中肥力	低肥力	平均
$N_0P_0K_0$	423.3	345.4	314.1	367.2
$N_0P_2K_2$	468.6	385.4	342.8	405.9
$N_1P_2K_2$	483.7	373.8	368.7	416.2
$N_2P_0K_2$	468.5	369.4	356.4	405.1
$N_2P_1K_2$	498.8	419.2	374.6	437.7
$N_2P_2K_2$	500.6	464.3	423.6	466.6
$N_2P_3K_2$	509.1	450.5	412.6	462.6
$N_2P_2K_0$	490.4	399.6	399.4	435.9
$N_2P_2K_1$	507.0	409.5	411.0	448.9
$N_2P_2K_3$	504.5	448.4	438.5	467.9
$N_3P_2K_2$	505.2	470.4	424.7	470.6
$N_1P_1K_2$	479.8	430.4	367.6	431.3
$N_1P_2K_1$	453.6	409.6	404.1	425.5
$N_2P_1K_1$	454.3	414.7	398.8	425.8

表 9-9　2011 年度"3414 试验"冬小麦产量　　　　单位：kg/亩

处理	高肥力	中肥力	低肥力	平均
$N_0P_0K_0$	414.6	340.7	313.8	362.2
$N_0P_2K_2$	444.3	347.3	337.6	383.2
$N_1P_2K_2$	457.9	371.2	369.9	405.5
$N_2P_0K_2$	476.0	380.8	368.1	415.1
$N_2P_1K_2$	491.3	383.0	391.2	428.8
$N_2P_2K_2$	501.2	470.4	431.9	471.1
$N_2P_3K_2$	499.2	463.4	417.7	464.0
$N_2P_2K_0$	490.4	400.4	386.8	432.3
$N_2P_2K_1$	495.8	411.4	406.7	443.7
$N_2P_2K_3$	507.7	471.3	437.4	475.7
$N_3P_2K_2$	503.9	459.1	427.2	467.5
$N_1P_1K_2$	476.3	431.3	375.9	432.7
$N_1P_2K_1$	451.0	396.1	367.4	409.4
$N_2P_1K_1$	452.7	433.7	400.8	431.4

通过"3414"试验计算出氮、磷、钾对冬小麦的产量效应函数如表 9-10 所示。

表 9-10　氮、磷、钾在冬小麦上的产量效应

年份	肥料种类	效应函数	最高产量用量/（kg/亩）	供肥能力（％）
2009	氮肥	$y=-0.1638x^2+5.7159x+417.39$，$R^2=0.9987$	17.4	89.6
	磷肥	$y=-0.3260x^2+8.8420x+408.86$，$R^2=0.9983$	13.6	87.7
	钾肥	$y=-0.1914x^2+5.0804x+433.57$，$R^2=0.9887$	13.3	93.0
2010	氮肥	$y=-0.0333x^2+4.2329x+401.56$，$R^2=0.8894$	—	86.1
	磷肥	$y=-0.3661x^2+9.5165x+403.65$，$R^2=0.9822$	13.0	86.5
	钾肥	$y=-0.1392x^2+4.3915x+434.82$，$R^2=0.9687$	15.8	93.4
2011	氮肥	$y=-0.1365x^2+7.4414x+377.55$，$R^2=0.8919$	27.3	81.3
	磷肥	$y=-0.2086x^2+6.911x+411.16$，$R^2=0.8612$	16.6	88.1
	钾肥	$y=-0.0814x^2+4.5475x+430.37$，$R^2=0.9432$	27.9	91.8
平均	氮肥	$y=-0.1112x^2+5.7968x+398.83$，$R^2=0.9281$	26.1	86.0
	磷肥	$y=-0.3002x^2+8.4232x+407.89$，$R^2=0.9662$	14.0	87.6
	钾肥	$y=-0.1373x^2+4.6732x+432.92$，$R^2=0.9669$	17.0	92.8

（二）氮、磷、钾肥对夏玉米的产量效应

2009～2011 年不同地力土壤上夏玉米氮、磷、钾肥的产量效应如表 9-11～表 9-13 所示。

表 9 – 11　2010 年度 "3414" 试验夏玉米产量　　　　　单位：kg/亩

处理	高肥力	中肥力	低肥力	平均
$N_0P_0K_0$	465.8	414.3	440.0	442.6
$N_0P_2K_2$	495.4	445.3	470.4	472.9
$N_1P_2K_2$	546.2	512.2	529.2	530.9
$N_2P_0K_2$	508.7	461.3	485.0	487.3
$N_2P_1K_2$	546.5	504.6	525.5	527.6
$N_2P_2K_2$	603.6	529.6	566.6	570.3
$N_2P_3K_2$	564.0	527.1	545.6	547.4
$N_2P_2K_0$	526.8	476.4	501.6	504.1
$N_2P_2K_1$	543.7	490.3	517.0	519.6
$N_2P_2K_3$	555.4	524.8	540.1	541.6
$N_3P_2K_2$	561.8	529.3	545.6	547.2
$N_1P_1K_2$	539.1	483.4	511.3	514.1
$N_1P_2K_1$	540.8	486.7	513.8	516.5
$N_2P_1K_1$	548.2	491.7	520.0	522.8

表 9 – 12　2011 年度 "3414" 试验夏玉米产量　　　　　单位：kg/亩

处理	高肥力	中肥力	低肥力	平均
$N_0P_0K_0$	310.4	307.3	296.3	305.2
$N_0P_2K_2$	397.7	389.8	375.8	388.8
$N_1P_2K_2$	579.0	568.8	556.3	569.1
$N_2P_0K_2$	613.7	608.3	589.7	604.9
$N_2P_1K_2$	639.4	626.3	612.7	627.5
$N_2P_2K_2$	644.0	633.5	622.7	634.5
$N_2P_3K_2$	652.0	642.8	627.0	641.7
$N_2P_2K_0$	634.7	620.5	605.0	621.5
$N_2P_2K_1$	638.6	625.0	608.0	625.3
$N_2P_2K_3$	642.7	634.3	626.2	635.2
$N_3P_2K_2$	673.0	664.0	654.3	664.7
$N_1P_1K_2$	580.0	568.5	558.0	570.0
$N_1P_2K_1$	565.0	550.3	535.6	551.8
$N_2P_1K_1$	639.7	623.3	613.0	626.8

表 9 – 13　2012 年度 "3414" 试验夏玉米产量　　　　　单位：kg/亩

处理	高肥力	中肥力	低肥力	平均
$N_0P_0K_0$	465.6	414.3	342.6	413.3
$N_0P_2K_2$	493.6	445.7	402.3	451.9
$N_1P_2K_2$	546.2	512.2	449.5	507.0
$N_2P_0K_2$	553.2	461.4	404.1	480.9

续表

处理	高肥力	中肥力	低肥力	平均
$N_2P_1K_2$	554.5	504.6	446.1	507.0
$N_2P_2K_2$	603.6	543.1	483.8	549.5
$N_2P_3K_2$	566.9	527.1	458.4	522.4
$N_2P_2K_0$	526.8	474.3	427.4	481.2
$N_2P_2K_1$	543.7	490.0	434.3	494.7
$N_2P_2K_3$	593.6	524.8	451.8	530.4
$N_3P_2K_2$	572.3	529.3	460.7	526.0
$N_1P_1K_2$	539.1	483.4	428.6	489.3
$N_1P_2K_1$	540.8	486.7	431.1	491.7
$N_2P_1K_1$	560.9	491.7	428.2	500.3

通过"3414"试验计算出氮、磷、钾对夏玉米的产量效应函数如表9-14所示。

表9-14 氮、磷、钾在夏玉米上的产量效应

年份	肥料种类	效应函数	最高产量用量/（kg/亩）	供肥能力（%）
2010	氮肥	$y = -0.5362x^2 + 14.162x + 470.66，R^2 = 0.9814$	13.2	82.5
	磷肥	$y = -3.9487x^2 + 34.837x + 483.94，R^2 = 0.9377$	4.4	84.9
	钾肥	$y = -0.6577x^2 + 12.074x + 498.35，R^2 = 0.7356$	9.2	87.4
2011	氮肥	$y = -0.9924x^2 + 32.832x + 392.76，R^2 = 0.9930$	16.5	61.9
	磷肥	$y = -0.9563x^2 + 11.617x + 605.67，R^2 = 0.9835$	6.1	95.5
	钾肥	$y = -0.0452x^2 + 1.781x + 620.85，R^2 = 0.9323$	19.7	97.8
2012	氮肥	$y = -0.5198x^2 + 13.896x + 449.19，R^2 = 0.9724$	13.4	81.7
	磷肥	$y = -3.3237x^2 + 28.289x + 476.62，R^2 = 0.8501$	4.3	86.7
	钾肥	$y = -0.4853x^2 + 10.905x + 475.44，R^2 = 0.7774$	11.2	86.5
平均	氮肥	$y = -0.6828x^2 + 20.297x + 437.54，R^2 = 0.9999$	14.9	74.8
	磷肥	$y = -2.7429x^2 + 24.914x + 522.08，R^2 = 0.9474$	4.5	89.3
	钾肥	$y = -0.3961x^2 + 8.2533x + 531.55，R^2 = 0.7759$	10.4	90.9

第三节 肥料配方设计

一、正定县施肥指标体系建立

为保证施肥配方制定的科学性，正定县聘请了农业技术、土肥、科研等方面的专家5人（见表9-15），结合土壤化验结果，根据"3414"试验和示范情况及农民实际应

用效果，制定了正定县冬小麦、夏玉米、花生施肥指标体系。

表 9 – 15　正定县小麦、玉米测土配方施肥指标体系制定专家

姓名	性别	单位职务	职称
贾文竹	女	河北省土肥站副站长	研究员
刘孟朝	男	河北省农林科学院资环所所长	研究员
李月华	男	石家庄市农技中心主任	推广研究员
张里占	男	河北省农业厅肥料科科长	推广研究员
李琴	女	石家庄市土肥站站长	推广研究员

　　根据正定县小麦、玉米生产水平和试验区产量状况，结合专家经验与本地土壤养分含量实际，借鉴本市内其他各县作物指标，设计正定县施肥指标体系（见表 9 – 16、表 9 – 17）。

表 9 – 16　正定县冬小麦施肥指标体系

产量/ (kg/亩)	氮用量/ (kg/亩)				P_2O_5 用量/ (kg/亩)			K_2O 用量/ (kg/亩)			
	碱解氮/ (mg/kg)				有效磷/ (mg/kg)			速效钾/ (mg/kg)			
	<60	60 ~ 90	90 ~ 120	>120	<10	10 ~ 20	20 ~ 30	<80	80 ~ 120	120 ~ 150	>150
>500	17	16	15	14	12	10	9	12	8	5	4
450 ~ 500	16	15	14	13	10	8	7	10	7	4	3
400 ~ 450	15	14	13	12	9	7	6	8	6	3	0
<400	13	12	11	10	8	6	5	6	5	2	0

表 9 – 17　正定县夏玉米施肥指标体系

产量/ (kg/亩)	氮用量/ (kg/亩)				P_2O_5 用量/ (kg/亩)			K_2O 用量/ (kg/亩)			
	碱解氮/ (mg/kg)				有效磷/ (mg/kg)			速效钾/ (mg/kg)			
	<60	60 ~ 90	90 ~ 120	>120	<10	10 ~ 20	20 ~ 30	<80	80 ~ 120	120 ~ 150	>150
>550	18	17	16	15	5	4	3	10	7	5	3
500 ~ 550	17	16	15	14	4	3	2	8	5	3	2
450 ~ 500	16	15	14	13	4	3	2	6	3	2	1
<450	15	14	13	12	3	2	1	5	2	1	0

二、正定县主要作物施肥配方制定

　　配方制定过程及种类：依据施肥指标体系，根据不同作物种植区域、产量水平、土壤肥力状况，确定作物施肥配方。配方原则是大配方、小调整，根据具体情况，个别地区进行配比小调整。配方制定后，与企业协商能否满足生产工艺，若不满足，做小调整，直到满足为止。正定县主要作物主要施肥建议及配方如表 9 – 18 ~ 表 9 – 20 所示。

表 9－18　正定县冬小麦测土配方施肥建议卡

区域（肥力）\施肥方式	N用量/(kg/亩) 有机质/(g/kg) >25 总量	>25 基肥	>25 追肥	15~25 总量	15~25 基肥	15~25 追肥	<15 总量	<15 基肥	<15 追肥	P₂O₅用量/(kg/亩) 有效磷/(mg/kg) >35 基肥	25~35 基肥	15~25 基肥	<15 基肥	K₂O用量/(kg/亩) 速效钾/(mg/kg) >200 基肥	150~200 基肥	100~150 基肥	<100 基肥
>450	13~14	4.3~4.7	8.7~9.3	14~15	4.7~5	9.3~10	15~16	5~5.3	10~10.7	6	7	8	9	5	6	7	8
400~450	12~13	4~4.3	8~8.7	13~14	4.3~4.7	8.7~9.3	14~15	4.7~5	9.3~10	5	6	7	8	4	5	6	7
350~400	11~12	3.7~4	7.3~8	12~13	4~4.3	8~8.7	13~14	4.3~4.7	8.7~9.3	4	5	6	7	3	4	5	6
300~350	10~11	3.3~3.7	6.7~7.3	11~12	3.7~4	7.3~8	12~13	4~4.3	8~8.7	3	4	5	5	2	3	3	4

注：1. 追肥在拔节期；2. 注意种肥隔离；3. 土壤墒情适宜；4. 注重对硫肥的补充，尽量施用硫酸钾型复合肥；5. 商品肥用量（kg）＝某纯养分需要量（kg）÷商品肥该纯养分含量；6. 土壤养分分含量分级参照发到各村的本地土壤养分化验数据。

表 9－19　正定县夏玉米测土配方施肥建议卡

区域（肥力）\施肥方式	N用量/(kg/亩) 有机质/(g/kg) >25 总量	>25 基肥	>25 追肥	15~25 总量	15~25 基肥	15~25 追肥	<15 总量	<15 基肥	<15 追肥	P₂O₅用量/(kg/亩) 有效磷/(mg/kg) >35 基肥	25~35 基肥	15~25 基肥	<15 基肥	K₂O用量/(kg/亩) 速效钾/(mg/kg) >200 基肥	150~200 基肥	100~150 基肥	<100 基肥
>650	14~15	4.7~5	9.3~10	15~16	5~5.3	10~10.7	16~17	5.3~5.7	10.7~11.3	5	6	6	7	6	7	8	9
550~650	13~14	4.3~4.7	8.7~9.3	14~15	4.7~5	9.3~10	15~16	5~5.3	10~10.7	4	5	6	7	5	6	6	7
450~550	12~13	4~4.3	8~8.7	13~14	4.3~4.7	8.7~9.3	14~15	4.7~5	9.3~10	3	4	5	5	4	5	5	6
400~450	11~12	3.7~4	7.3~8	12~13	4~4.3	8~8.7	13~14	4.3~4.7	8.7~9.3	2	3	3	4	3	4	4	5

注：1. 在玉米大喇叭口期每亩追施尿素20kg左右，注意覆土；2. 注意种肥隔离；3. 土壤墒情适宜；4. 商品肥用量（kg）＝某纯养分需要量（kg）÷商品肥该纯养分含量；5. 土壤养分分含量分级参照发到各村的本地土壤养分化验数据。

表 9 - 20　正定县主要作物配方肥及使用区域

配方名称	肥料配方	适用区域或施用时期
小麦专用肥	17 - 18 - 5	正定县小麦种植区作底肥
	17 - 13 - 0	
	17 - 15 - 8	
玉米专用肥	28 - 6 - 8	正定县玉米种植区作底肥
	30 - 0 - 8	

第四节　配方肥料合理施用

一、测土配方施肥技术示范

推广示范测土配方施肥技术的增产效果如表 9 - 21 和表 9 - 22 所示，结果表明：施用测土配方施肥技术后，低、中、高肥力地上冬小麦和夏玉米均显著增产。

表 9 - 21　冬小麦上测土配方施肥与常规施肥比较　　　　　单位：kg/亩

肥力	处理	平均	最大	最小	样量
高肥力	配方区	526	537	517	4
	常规区	500	519	487	4
	空白区	413	429	387	4
中肥力	配方区	478	493	457	3
	常规区	455	490	427	3
	空白区	351	353	347	3
低肥力	配方区	433	441	421	3
	常规区	401	410	390	3
	空白区	310	320	293	3

表 9 - 22　夏玉米上测土配方施肥与常规施肥比较　　　　　单位：kg/亩

肥力	处理	平均	最大	最小	样量
高肥力	配方区	580	594	568	4
	常规区	539	548	520	4
	空白区	434	467	361	4

肥力	处理	平均	最大	最小	样量
中肥力	配方区	547	556	548	3
	常规区	524	560	485	3
	空白区	472	489	438	3
低肥力	配方区	527	536	521	3
	常规区	475	543	437	3
	空白区	412	453	389	3

二、配方肥生产

（一）配方肥生产企业资格认证

1. 申请认定的肥料企业必须具备的条件

（1）肥料生产、经营执照齐全。

（2）质量保证体系健全：近两年产品质量抽检合格率达到100％，产品在市场上信誉较高，无消费者投诉现象发生。

（3）具有开展测土配方施肥技术服务的实践经验。

2. 企业申报认定需提供的资料

（1）提交申报书包括：《石家庄市测土配方施肥定点企业认定申请表》《承担测土配方施肥（营销）实施方案及说明》，含方案的可行性、先进性、创新性，技术、经济、质量指标，风险分析等，以及计划进度、推广模式及规模实施组织形式和管理措施。

（2）《工商营业执照》（副本）、《肥料生产许可证》《肥料登记证》原件及复印件。

（3）肥料产品"商标"注册复印件或受理通知单。

（4）产品质量保证书和优质服务承诺书。

3. 定点企业认定的原则

（1）自愿申请。

（2）平等参与。

（3）公开透明。

（4）择优选用。

4. 认定范围

石家庄辖区内肥料企业和在石家庄市辖区内设有分公司的外埠肥料企业。

5. 认定程序

（1）石家庄市农业畜牧局委托石家庄市土壤肥料站通过媒体发布认定公告。

（2）企业提出申请。

（3）在石家庄市农业畜牧局的领导下，石家庄市土壤肥料站及项目县（市）农业主管部门成立认定小组，对企业的申报资料进行审核（必要时组织到企业现场考察，写出书面考察报告），提出认定的初步意见，报石家庄市农业畜牧局审核批准。

（4）经评审合格的企业，统一认定为"石家庄市测土配方施肥定点生产（销售）企业"，报河北省土肥总站备案，有效期2年。认定企业可在有效期满前2个月申请资格延续，经审核、批准有效期延续2年。

6. 认证结果

经过石家庄市农业畜牧局公开认证，有七家企业成为石家庄市第一批配方肥生产企业。

（二）正定县定点合作企业

石家庄市农业畜牧局对配方肥企业进行了认定，随之也对配方肥企业进行了考察，最终确定与河北金源化工股份有限公司企业签订了配方肥推广协议；生产配方主要有小麦18－13－12，玉米15－14－16。

三、配方肥的供应与管理

（一）肥料配方的管理

1. 专家制定肥料配方

2008～2011年，正定县分别邀请石家庄市农业畜牧局、河北农林科学院、河北省土壤肥料总站等技术权威部门和科研单位的专家，制定正定县农作物施肥指标体系。在此基础上，根据正定县气候特点、土壤类型、耕作制度、作物种类、产量水平及土壤测试和田间试验结果，制定了各村主要作物的肥料配方。

2. 市级审核备案

施肥配方制定后，经正定县测土配方施肥技术指导小组确认，并且报石家庄市土肥站备案后，提供给定点生产企业，由企业组织生产。

（二）企业生产管理

定点企业必须严格按肥料配方生产，严格在规定的使用区域销售，并建立生产销售记录制度。

定点企业必须保证肥料数量、质量、价格、供肥时间及供货地点。

（三）配方肥质量管理

1. 质量检验合格证明

配方肥出厂必须有产品质量检验合格证明，对生产的配方肥产品质量负责。

2. 实行经销质量负责制

定点销售企业对其销售的产品质量负责。

3. 质量抽检

正定县农业畜牧局对企业进行严格的监督管理。

四、配方肥推广农化服务

1. 电视宣传

正定县农业畜牧局在正定县电视台、石家庄市电视台进行测土配方施肥技术专题宣传。

2. 资料入户

印发测土配方施肥技术手册近万本，发放测土配方施肥技术明白纸 20 多万份。

3. 技术培训

通过会议、培训、技术人员深入田间指导等多种形式，开展了测土配方施肥的宣传培训工作，培训科技示范户 5000 多人次，培训农民 15 万余人次，测土配方施肥入户率达到 90% 以上。

4. 设立电脑查询终端服务站

在全县各镇建立测土配方施肥查询服务站 20 个，免费开放、图形化查询，农户不出镇，就能在服务站查询全县土壤化验结果和施肥配方。

五、配方肥使用技术

（一）配方肥料的种类

1. 复混肥料

以单质肥料（如尿素、氯化钾、硫酸钾、过磷酸钙等）为原料，辅之以添加物，按一定的配方配制、混合、加工造粒而制成的肥料。

2. 掺混肥料

掺混肥料又称 BB 肥，它是由两种以上粒径相近的单质肥料或复合肥为原料，按一定的比例，通过简单的机械掺混而成，是各种原料的混合物。这种肥料一般是农户根据土壤养分状况和作物需要随混随用。

（二）配方肥料的优点

1. 利用率高

配方肥料具有多种营养元素，是由农业技术专家根据不同类型土壤和农作物需肥特性，制定施肥配方，由定点生产企业专门组织生产，配制成系列专用肥，养分配比合理，肥效显著，肥料利用率和经济效益都比较高。

2. 施用方便

复混肥料具有一定的抗压强度和粒度，物理性能好，施用方便。

3. 针对性强

复混肥料养分针对性强，能促进土壤养分平衡。

（三）配方肥料使用注意事项

1. 选择适宜的肥料品种

要根据土壤的农化特性和作物的需肥特点选用合适的配方肥料品种，如施用与土壤特性和作物的需肥规律不相适应时，不但会造成某种养分的浪费，也可因此导致减产。

2. 配方肥料与单质肥料配合使用

配方肥料的成分是固定的，难以满足不同土壤、不同作物、不同生育期对营养元素的不同要求。应针对配方肥的养分含量，配合施用单质化肥，以保证养分的协调供应。

3. 选择适宜的施用方式

配方肥料在施用时应采取相应的技术措施，方能充分发挥肥效；配方肥料作底肥，其效果优于其他单质化肥。

（四）配方肥料的施用方法

1. 施肥时期

配方肥料作基肥施用要早，才能使肥料中的磷、钾（尤其是磷）充分发挥作用。

2. 施肥深度

施肥深度对肥效的影响很大，应将肥料施于作物根系分布的土层，使耕作层下部土壤的养分得到较多补充，促进平衡供肥。随着作物根系不断向下部土壤伸展，多数作物中晚期的吸收根系发布可至 30~50cm 的土层。因此，如做基肥施用的复混肥料能分层施用比一层施用的肥效可提高 4% ~ 10% 。

六、不同土壤类型施肥技术

（一）沙壤土

1. 沙壤土特性

土壤沙性大，土质松散，粗粒多，毛管性能差，肥水易流失，其潜在养分含量低。这类土壤宜多施有机肥和秸秆还田，逐步改善土壤性状。

2. 施肥技术要点

一是以速效性肥料为主，便于作物快速吸收，避免雨后淋失；二是掌握少量多次的原则，这样既可满足作物不同生育期对养分的需要，又可减少肥料养分的流失；三是采用沟施或穴施等集中施肥法。

（二）壤土

1. 壤土特性

壤土的通透性、保蓄性、潜在养分含量介于沙土和黏土之间，适宜各类农作物生长。

2. 施肥技术要点

一般可按产量要求和作物生长情况，适时适量施肥，做到合理施肥，培肥地力，更好地发挥肥料的增产效应。可长效肥与速效肥配合使用，以满足作物不同生育期对肥料的需求；有机肥与化肥结合施用以培肥土壤，用养并重。

（三）黏土

1. 黏土特性

黏土通透性差、保肥性能强，潜在养分含量较高。

2. 施肥技术要点

一般可按产量要求和作物生长情况，适时适量施肥，更好地发挥肥料的增产效应。强调多施有机肥、秸秆还田，逐渐降低土壤容重，增加其通透性。

第五节　主要作物配方施肥技术

一、冬小麦配方施肥技术

配方施肥是冬小麦增产的重要措施，结合正定县冬小麦区域土壤肥力状况，提出冬小麦测土配方施肥技术如下。

（一）冬小麦需肥特点

冬小麦一生需氮、钾元素多，需磷元素相对较少，同时需要钙、镁、硫等中量元素和锌、硼、锰等微量元素。每生产100kg小麦需吸收氮（N）2.83kg，五氧化二磷（P_2O_5）1.25kg，氧化钾（K_2O）2.92kg。小麦一生吸收氮肥有两个高峰期，一个是年前分蘖盛期，占总吸收量的12%～14%；另一个是拔节孕穗期，占总吸收量的35%～40%。小麦对磷肥吸收高峰期出现在拔节扬花期，占磷总吸收量的60%～70%；小麦对钾的吸收在拔节前较少，一般不超过总量的10%，拔节孕穗期吸收钾最多，可达60%～70%。

（二）冬小麦施肥的一般原则

冬小麦施肥不要就小麦论小麦，要将冬小麦、夏玉米全年两季统筹考虑，一般各占50%。磷肥重点在小麦上，如土壤有效磷含量较高，磷肥可全部用于小麦，玉米不施磷肥，如土壤含有效磷较少，再适量增加磷肥投入量的同时将2/3用于小麦，1/3用于玉米；钾肥则相反，如土壤有效钾含量高，全部钾肥用于玉米，如土壤速效钾较少，则1/3用于小麦，2/3用于玉米。小麦肥料投入的一般比例N：P_2O_5：K_2O为1：0.7：0.4；同时要增加有机肥和微量元素的用量。建议广大农民多施用有机肥，施用有机肥时一定要进行发酵，以减少土传病害。在微量元素肥料的使用中，小麦要增加锌肥和硼肥的使用，有条件的地方也可以施点锰肥，都具有较好的增产效果。

（三）冬小麦施肥量

要做到配方施肥必须先进行取土化验，测定土壤中养分含量，再根据小麦品种、产量水平、计算出施肥量。小麦施肥的数量可参考表9-18。

另外，在麦区一般可亩施有机肥1500kg以上；缺硫、锌、硼的地区可每亩底施硫酸锌1kg、硼砂0.5kg。

（四）冬小麦施肥比例及时间

1. 底肥与追肥的比例

在小麦施肥中，有机肥、磷肥、钾肥、硫肥、锌肥、硼肥都可以在播种前整地时作基肥一次施入，氮肥部分作底肥、部分作追肥。一般情况，中产田氮肥总量的50%作底肥，50%作追肥；高产田40%作底肥，60%作追肥；低产田60%作底肥，40%作追肥；对于没有水浇条件、干旱、瘠薄的土壤，氮肥70%～100%作底肥。

2. 追肥时间

目前一些地方的农民还沿用以前的做法，浇返青水时施返青肥，这时追肥对于土壤瘠薄干旱低产田和苗情较弱的麦田是可以的。但对于一般中高产田应将追肥时间后移到拔节期;对于土壤肥沃的高产麦田也可移到拔节后期追肥。追肥也可分为前轻后重两次进行。

二、夏玉米配方施肥技术

玉米是正定县主要的夏粮作物,其产量的高低直接影响着正定县农民的增收。在正定县的玉米生产中,还存在有施肥种类与数量不合理、施肥时期与方法不当等问题。根据玉米的需肥规律,结合正定县玉米生产实际,提出夏玉米施肥技术如下。

(一)玉米的需肥特点

据试验,在亩产 500~700kg 情况下,每生产 100kg 玉米籽粒需从土壤中吸收氮(N)2.5~2.6kg,五氧化二磷(P_2O_5)0.8~0.9kg,氧化钾(K_2O)2.3~2.4kg。此外还要吸收一些锌、硼、钼等微量元素。玉米一生中,苗期因植株小,生长慢,对氮磷钾三要素的吸取量少,拔节期至抽雄开花吸收量多,开花授粉后吸收速度逐渐减慢减少。

(二)夏玉米施肥技术

1. 施肥原则

"宁让肥等苗,不让苗等肥",氮、磷、钾、微肥合理搭配,配方施肥。

2. 施肥时期

为了保证玉米的正常生长发育和高产,应适时适量搞好追肥,做到前轻、中重、后补 3 次施肥。即使做不到 3 次施肥,也要尽量做到前轻、中重两次施肥。第一次一般在播种后 25d 左右(叫攻秆肥);第二次播种后 45d 左右(大喇叭口期施入叫攻穗肥);第三次在抽雄—吐丝期(叫攻粒肥)。群众把 3 次追肥时间形象地比喻为"头遍追肥一尺高,二遍追肥正齐腰,三遍追肥出毛毛"。滩区因土壤保肥能力较差,要尽量做到 3 次施肥。

(三)夏玉米施肥数量

根据取土化验、测定土壤中养分含量,结合玉米产量水平、计算出施肥量。玉米施肥的数量可参考表 9 – 19。

化肥要深施、穴施、耧施或开沟条施,深度 10~15cm,苗期适当浅施,中后期适当深些,每次追肥后要及时浇水。

三、冬小麦、夏玉米肥料的选择

传统的肥料如碳铵、尿素、过磷酸钙、二铵价格便宜,但养分单一或比例不合适,在施用时,要按小麦需肥特点自己调配氮、磷、钾,二铵虽然是氮、磷二元肥料,但做小麦底肥氮素比例偏低,还应补充氮肥。过磷酸钙价格便宜,同时还含有钙、硫等营养元素,但个别小厂生产的磷肥有效磷含量不稳定。钾肥、小麦用氯化钾即可,价格低。但对于高产区出现缺硫的地块,如磷肥不选用过磷酸钙时,钾肥可选用硫酸钾。

目前市场上出现了名目繁多的假冒伪劣复合肥,应引起注意。购肥最好选择大企业、正规厂家的肥料,从固定销售地点购买,以防受骗。

第十章 耕地资源合理利用的对策与建议

第一节 耕地资源数量与质量变化的趋势分析

一、耕地资源数量变化趋势

1949 年正定县总耕地 56.73 万亩，人均 2.15 亩。之后随着社会经济的迅速发展，城镇建设、道路交通、农村住宅、农田基本设施的占用耕地大量增加，耕地面积逐年减少，人多地少的矛盾日益突出（见图 10 - 1）。

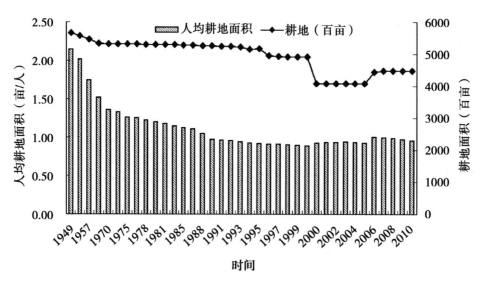

图 10 - 1 1949～2010 年正定县耕地面积、人均耕地面积的变化趋势
注：数据来源于 2011 年正定县国民经济统计资料

二、耕地质量变化趋势

耕地是人类赖以生存和发展的物质基础，是国计民生的根本依托。区域耕地的数量和质量，直接关系到该区域的经济建设、社会发展和人民生活水平。据调查，自 1982～2010 年，正定县耕地土壤有机质、全氮、有效磷、速效钾的含量发生了很大的变化，总体来看，耕地质量呈现逐步提高趋势。

（一）耕地土壤有机质

自 1982 年全国土壤普查以来，正定县耕地土壤有机质发生了很大的变化。1982 年全县土壤有机质含量小于 6g/kg 的占 2.2%；6～10g/kg 的占 39.2%；10～20g/kg 的占 58.4%；20～30g/kg 的占 0.2%。到 2010 年全县土壤有机质含量 10～20g/kg 的占 18.0%；20～30g/kg 的占 82.0%。总体来看，耕地土壤有机质含量呈逐步上升的趋势。

（二）耕地土壤全氮

1982 年，正定县耕层土壤全氮平均含量 0.77g/kg。据 2010 年调查结果显示，全县耕地土壤全氮含量平均为 1.10g/kg，与第二次土壤普查的 0.77g/kg 相比，提高明显，提高幅度 42.9%；其中 81.0% 的面积含量范围为 1.0～2.0g/kg。全县耕地土壤全氮含量水平仍属于中等偏下水平。

（三）耕地土壤有效磷

正定县土壤有效磷含量自 1982 年以来发生了巨大的变化。1982 年土壤有效磷平均含量为 10.6mg/kg，在全县范围内，不同地块，不同土种含量水平差异较大。到 2010 年，全县土壤有效磷含量范围在平均 33.8mg/kg，与第二次土壤普查结果提高了 23.2mg/kg，增幅达 218.9%。总体来看，土壤有效磷含量比 1982 年土壤普查时有了较大幅度提高。

（四）土壤速效钾

正定县耕地土壤速效钾含量自 1982 年以来发生了很大的变化，1982 年土壤普查时土壤速效钾含量大于 100mg/kg 的有 10.1 万亩，占总耕地面积的 33%，含量小于 100mg/kg 的有 20.5 万亩，占 67%。据 2010 年调查结果显示：含量大于 100mg/kg 的有 32.8 万亩，占 73.7%，含量小于 100mg/kg 的有 11.8 万亩，占 26.3%。根据第二次土壤普查对速效钾分级标准进行等级划分，土壤速效钾含量属极丰富和丰富的样点分别占耕地面积的 4.9% 和 10.1%；中等的占 58.7%；缺乏的占 25.6%；很缺乏和极缺的分别占 0.7% 和 0.1%。总体来看，2010 年土壤有效磷较 1982 年有了极大幅度提高。

从耕层土壤有机质、全氮、有效磷和速效钾的时空变异数据可以看出，正定县耕地质量有如下变化：1982 年以前，正定县农业在一定程度上靠有机肥来提供土壤养分和培肥土壤有机质；1982 年以后，随着土地承包到户，广大农民为了得到较高的效益，化肥的使用大量增加，有机肥的投入急剧减少，土壤速效钾下降；1995 年以后，随着小麦、玉米秸秆直接还田技术的大力推广和应用，耕地质量出现了回升的趋势。从土壤养分的变化可以看出正定县土壤质量不断提高的过程。

第二节　耕地资源利用面临的问题

一、耕地数量减少，人地矛盾突出

随着经济建设和社会事业的发展，建设用地和农用结构调整，使占用耕地的数量不断增加，土地开发整理由于种种原因增加耕地面积有限，导致全县耕地面积不断减少。

而我国本身属于典型的资源约束型国家，如果没有稳定数量的耕地作为保障，国家的粮食安全将难以保证。我国人口基数大，人口增长的驱动力比较强劲，正定县人均占有耕地面积由1949年的2.15亩/人，减至2009年的0.96亩/人，低于全省1.4亩的平均水平。人地矛盾日益尖锐。

二、耕地数量减少，土壤肥力下降

正定县地处河北西南部，自然条件优越，土壤类型多样，自然土壤以褐土为主，土壤理化性质较好，土壤养分状况在全国属中等水平。

耕地数量不断减少，而耕地质量也在不断下降，农药化肥在提高作物单产的同时，也导致土壤污染、耕地肥力下降，为农产品安全带来巨大隐患。据统计，正定县耕地生产全年化肥投入量达到（折纯）44864t。大量的无机化肥投入，容易造成土壤板结，通气、通水、输肥能力下降。全年农药投入量达506t，严重污染土壤、污染水源、污染粮食品质，影响人们健康，同时也易使害虫产生抗药性，在一定的条件下，反而造成害虫的大量增加。

三、农业生产掠夺经营，导致资源环境衰竭

近年来，农民为了单纯追求农产品数量的增加，普遍存在对耕地只种不养的倾向，大量增施化肥，且肥料使用方法不科学，利用率低。

第三节　耕地资源合理利用的对策与建议

正定县耕地利用的总体要求是：以市场为导向，以提高质量和效益为中心，在确保粮食安全的前提下，依靠农业科技创新，立足区位优势把布局调好，立足资源优势把产业调活，立足特色优势把规模调大，立足科技优势把质量调优，立足产品优势把效益调高，下大力度调整优化种养结构、品种结构、质量结构和区域布局，千方百计让农民增收、农业增效、社会增益。通过大幅提高全县耕地资源利用效率、减少农业污染，改善农业生态环境。

一、保障耕地数量、质量平衡

耕地不仅为农业生产和农村经济的发展提供了物质基础和生产资料，而且满足了社会日益增长的农产品需求。只有拥有足够的耕地资源才能从源头上保证农业可持续发展的物质基础。正定县严格按照国家相关法律，积极实施基本农田一律不得征用，其他耕地实施占补平衡制度，严格遵循"占多少地、补多少地，占高产田补高产田，先补后占"的原则。耕地质量的高低是作物产量高低的主要制约因素。因此，耕地占补平衡不仅要保证数量的动态平衡，还要保证耕地质量的动态平衡。

二、实施高产创建工程

按照"稳定面积、依靠科技、主攻单产、提高总产"的思路抓好"米袋子"。为了

稳定粮食生产，正定县粮食保护性种植面积不低于 25 万亩。加大科技兴粮力度，挖掘粮食增产潜力，重点实施粮食高产创建工程，抓好粮食高产示范田建设，在曲阳桥乡建立整建制高产创建示范乡，在新安镇等乡镇建立万亩小麦高产示范方和万亩玉米高产示范方的基础上，积极推广高产示范方先进实用技术。在有限的耕地资源上实现粮食稳产高产。

三、着力优化农业结构，培育壮大蔬菜产业

优化农业结构就是调整种植业内部的各部门所占比例，争取农业经济效益不断提高。调整粮食与经济作物的用地比例，提高经济作物特别是名特优产品的用地比重。优化区域布局，在抓好粮食稳定高产的同时，扩大蔬菜、花生、食用菌、甘薯、西瓜、草莓、牛蒡等经济作物和其他高效作物面积，推广设施生产、间作套种、立体栽培等高产高效种植模式，逐步形成"板块"农业发展新格局。

按照"基地规模化、生产标准化、产品安全化、经营品牌化"的产业化发展要求，进一步扩大蔬菜种植面积。

1. 建成 2 个万亩蔬菜示范基地

加强蔬菜生产基地建设，突出抓好正定镇万亩叶菜种植基地和曲阳桥乡万亩瓜菜生产基地建设。

2. 发展设施蔬菜园区

巩固壮大东贾村、西里双、陈家疃、南化 4 个千亩设施蔬菜园，西汉村、陈家疃 2 个食用菌园区，以日光温室、塑料大棚为主，不断扩大特色、错季菜种植面积，新建战村特色蔬菜示范园、西杨庄千亩香菜、大孙村特菜、西河绿色黄瓜 4 个高标准设施蔬菜园区。

3. 完善蔬菜质量安全体系建设

大力推进无公害标准化生产，在抓好 12 个无公害蔬菜标准化生产示范村的基础上，新建 20 个以上无公害蔬菜标准化示范样板村，发挥示范引导作用，培育一批科技示范户，形成"一乡一业，一村一品"的发展格局，带动正定县蔬菜提质增效、上档升级。强化农产品质量安全，大力推广环保型农业投入品，从源头上控制农产品污染。全面开展农产品质量安全检测，进一步健全完善基地、市场和产地的农产品质量检测体系，形成农技推广、绿色农资、蔬菜检测与蔬菜种植合作社"四合一"经营模式。

4. 完善市场体系建设

在正定县新安镇吴兴村建立了全国性的农产品配送中心，加强西关蔬菜批发市场、陈家疃蔬菜交易市场、曲阳桥食用菌交易市场建设，完善场地、交易厅（棚）、信息服务、质量检测、采后处理等基础服务设施，规范交易行为，提升服务水平；支持新建、改造蔬菜市场，在场地环境、设施设备、追溯平台、规范管理等方面进行标准化建设，积极探索连锁配送、超市专卖等现代营销方式，大力推进产销对接、农超对接、农企对接。面向国际、国内两个市场，积极参加农产品展示会、交易会，广辟农产品销售渠道，做大做强优势产品，提高产品市场竞争力。

5. 建立蔬菜应急储备库

在南牛乡东贾村、西杨庄、东里双、东柏棠建设 4 个大中型蔬菜冷藏储备库，配备相应运输能力，在易发生严重自然灾害、恶劣天气的冬春季节，要安排满足正定县 5 ~ 7 天消费量的动态蔬菜储备库存，在价格波动幅度较大时启动使用蔬菜储备或紧急调运基地蔬菜，保持蔬菜价格相对稳定。

四、大力发展林果特色产业

加快优质果品和名优花卉基地建设，培育果品、花卉产业发展，推广先进的果树、花卉生产技术，抓好黄桃、核桃种植，每年通过改劣换优，提高果品质量。切实加强北早现双峰花木场、南楼常青花木场的管理，培树一批林果产业示范园，充分发挥果树、花卉科学技术对生态建设的支撑作用和林业产业发展的引领作用，促进传统林业向现代林的转变。大力发展林下经济，促进产业结构优化和升级，鼓励发展林下套种油料、薯类、中药材等矮秆经济作物，扶持林下特色养殖，挖掘林业的经济功能，延伸产业链，提高产品附加值，促进林业发展和区域经济增长。

五、壮大龙头企业，提高农业竞争力

扶持和壮大惠康、正先、明光、天天乳业、三贵等一批带动能力强的科技型"农"字牌龙头企业，重点抓好天天乳业改扩建、正先食品肉鸡加工生产线等产业化项目，不断提高其科技创新能力、市场竞争能力、辐射基地和带动农户能力。鼓励扶持龙头企业建立与生产加工相配套的种养基地，大力发展订单农业，与农户建立稳定的产销关系，形成龙头、基地、农户利益相连，生产、加工、销售紧密衔接的运行机制。进一步提升农民专业合作社规范化水平，组织农民发展优势产业，开发特色产业，培育新型农业经营主体，积极引导产品相同的合作社跨村镇、跨区域联合、重组与合并，提高农民组织化程度。加强现代农业物流体系建设，扶持建立一体化冷链物流体系，加快农产品连锁配送物流中心建设，建立鲜活农产品绿色通道，实现规模效益，促进农民增收。

六、引进高新农业技术，实现农业转型升级

1. 大力发展节水农业和旱作农业

提高节水意识，大力发展节水抗旱品种。在保证增产、增收的前提下，加快推广节水、耐旱型冬小麦、夏玉米等新品种的引进和推广步伐。

合理利用水资源，推广水肥一体化管灌、喷灌、滴灌等技术，大力发展节水型农业。

2. 引进推广天然植物提取饲料生物产品技术

运用天然中草药及植物提取物开发生产绿色、环保、安全、健康、风味型饲料。这些天然植物提取物所开发的饲料产品，既能够替代饲料中抗生素等化学合成药物类的添加，又完全解决了饲料中的药物残留问题，畜、禽、水产类产品可达到安全又健康的标准；能有效降低畜禽肉蛋中的胆固醇和脂肪的含量，显著改善畜、禽、水产类产品的品

质，恢复其天然风味，提高畜禽产品质量安全水平。

七、大力发展生态农业，控制农业面源污染

全面推广测土配方施肥技术，改变传统施肥方式，减少化肥使用量，提高肥料利用率，减少土壤污染；推广生物防治技术，引导农民少喷农药，减少土壤中农药残留量。努力控制和减轻农业面源污染，提高农产品质量，为优质无公害农产品生产提供基础保障，使农业逐步走上资源消耗低、环境污染少的发展之路，建设幸福美丽新正定。

参考文献

［1］中华人民共和国农业部.测土配方施肥技术规范（2011年修订版）［Z］.2011.

［2］全国农业技术推广服务中心.耕地地力调查与质量评价［M］.北京：中国农业出版社，2009.

［3］全国土壤普查办公室.中国土壤普查技术［M］.北京：农业出版社，1992.

［4］丁鼎治.河北土种志［M］.石家庄：河北科学技术出版社，1992.

［5］河北省正定县地方志编纂委员会编纂.正定县志［M］.北京：中国城市出版社，1992.

［6］正定县区划委员会土壤专业组.正定县土壤志［Z］.1983（内部资料）.

［7］正定县统计局.1949—2010年正定县国民经济统计资料［Z］.2011（内部资料）.

［8］正定县水务局.正定县水文志［Z］.2005（内部资料）.

［9］正定县国土资源局.正定县土地利用总体规划（2010~2020）［Z］.2011（内部资料）.

［10］贾文竹，马利民，卢树昌，等.河北省菜地、果园土壤养分状况与调控技术［M］.北京：中国农业出版社，2007.

附 图

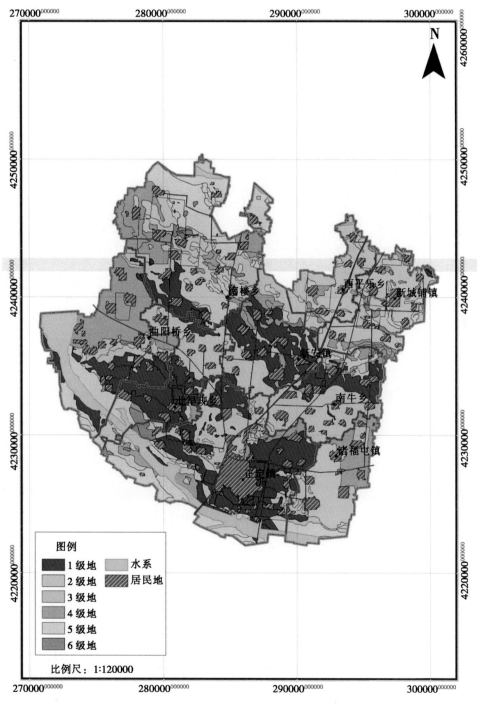

图一 正定县耕地地力等级图

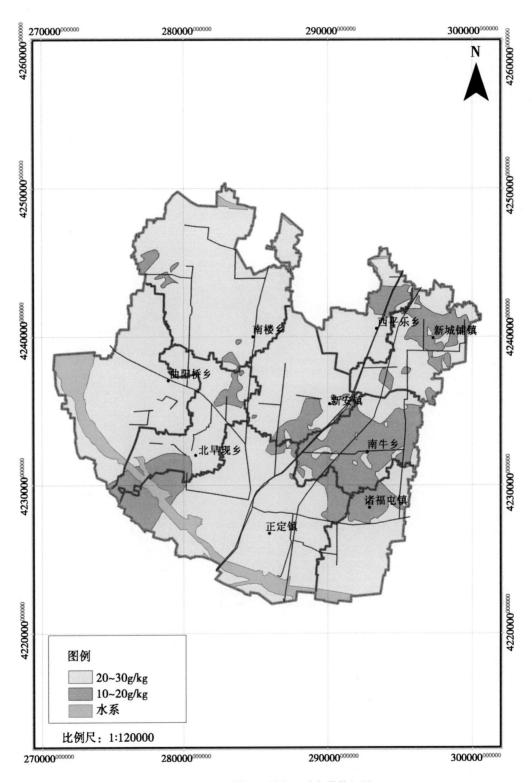

图二　正定县耕层土壤有机质含量等级图

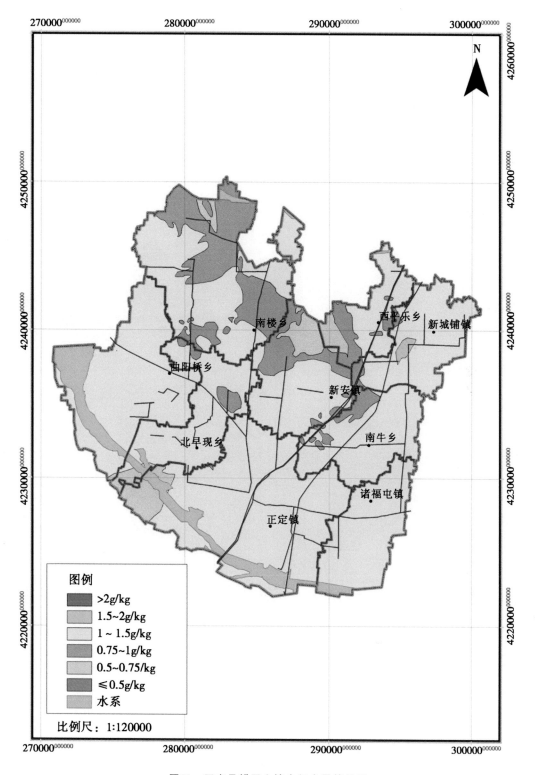

图三　正定县耕层土壤全氮含量等级图

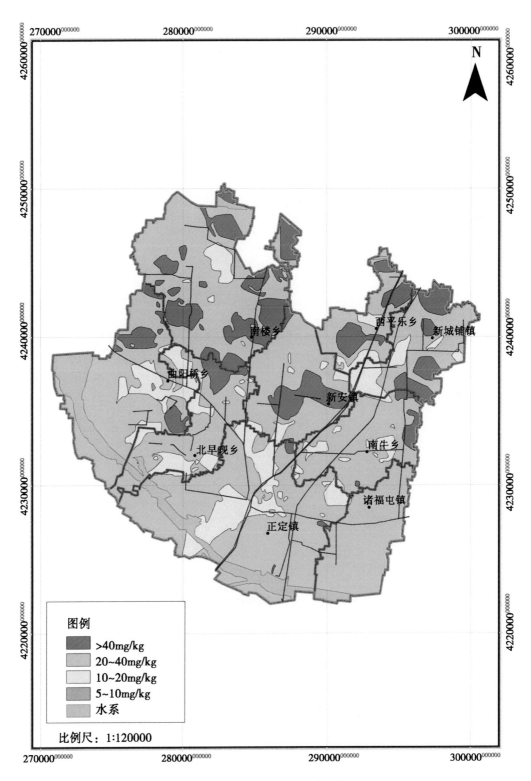

图四　正定县耕层土壤有效磷含量等级图

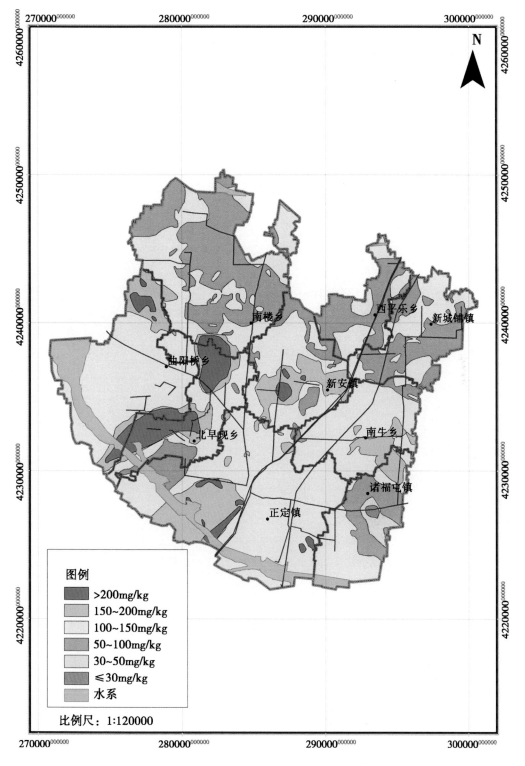

图五　正定县耕层土壤速效钾含量等级图

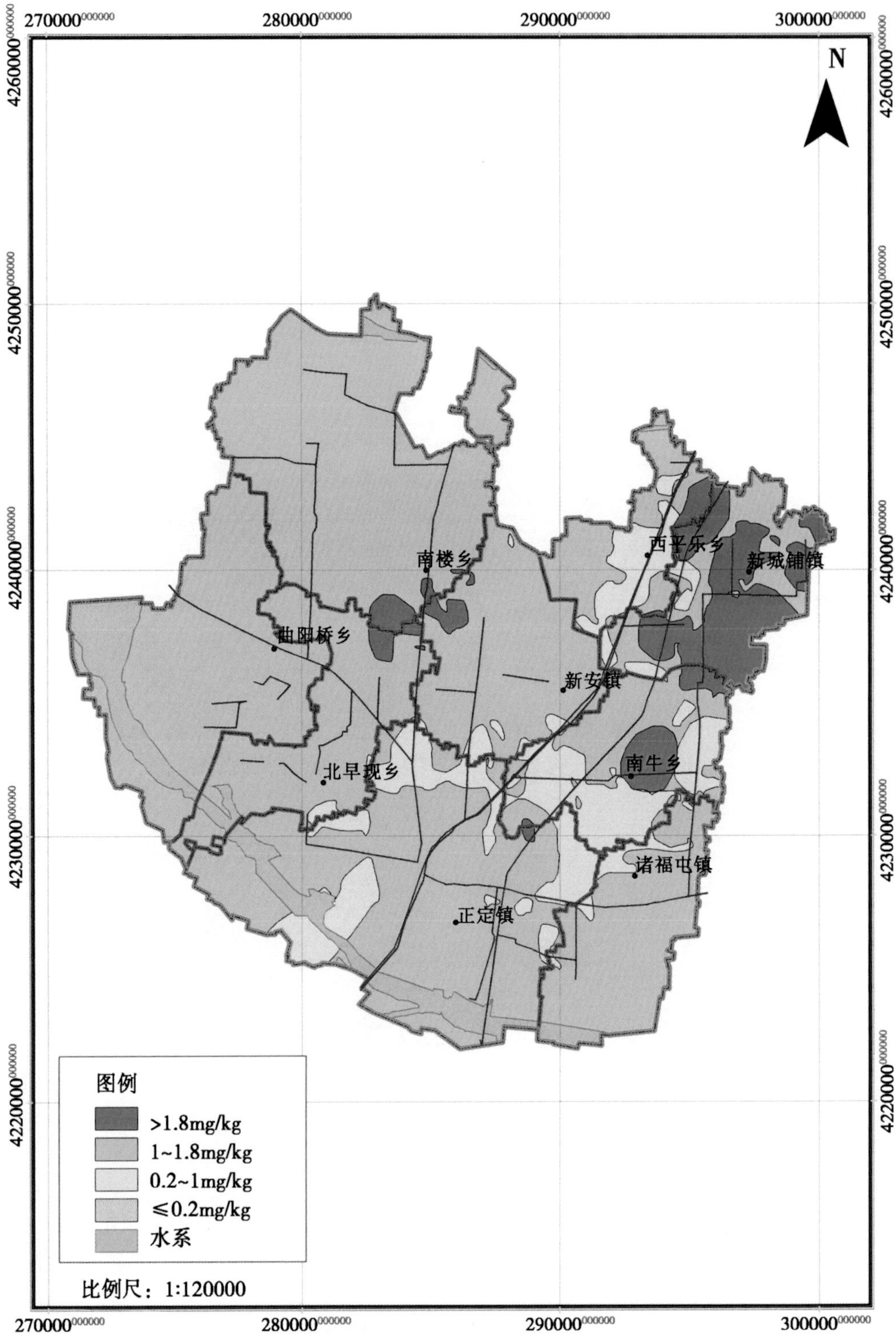

图六 正定县耕层土壤有效铜含量等级图

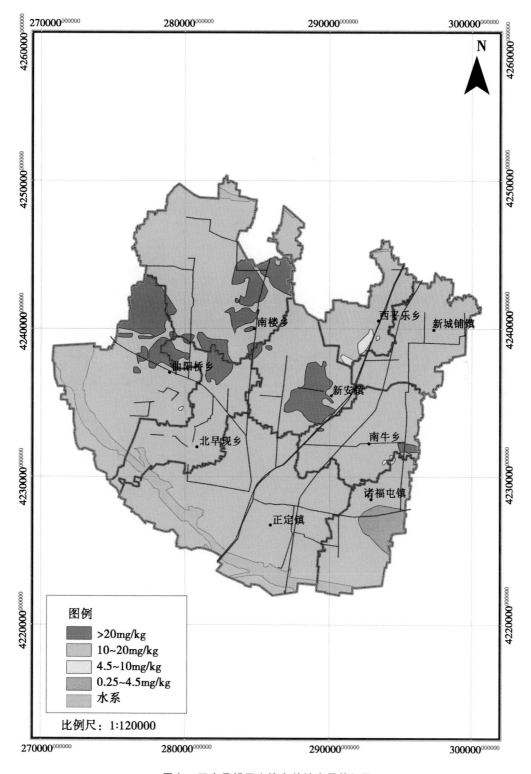

图七　正定县耕层土壤有效铁含量等级图

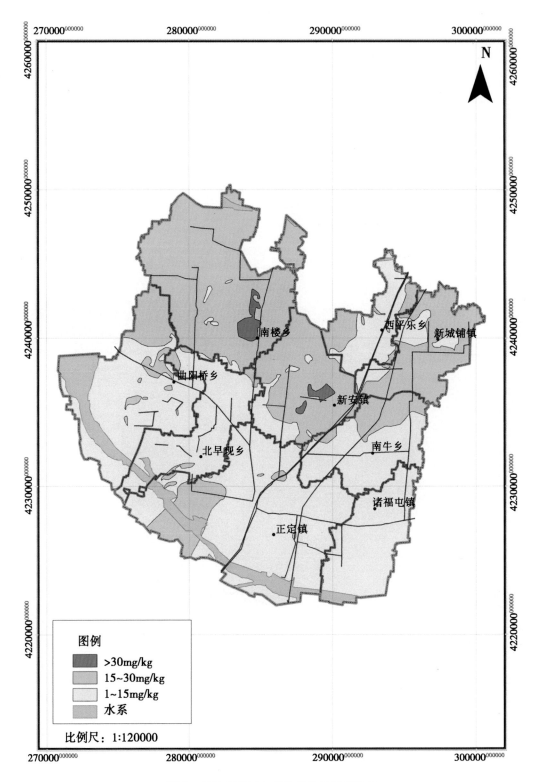

图八　正定县耕层土壤有效锰含量等级图

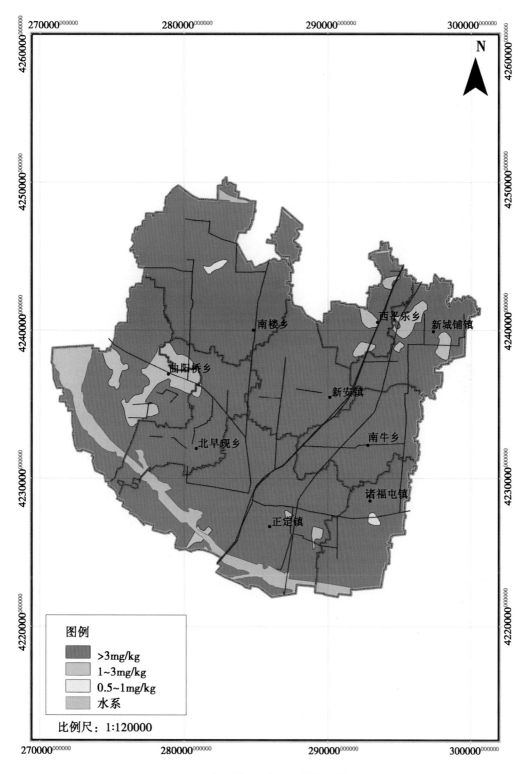

图九　正定县耕层土壤有效锌含量等级图

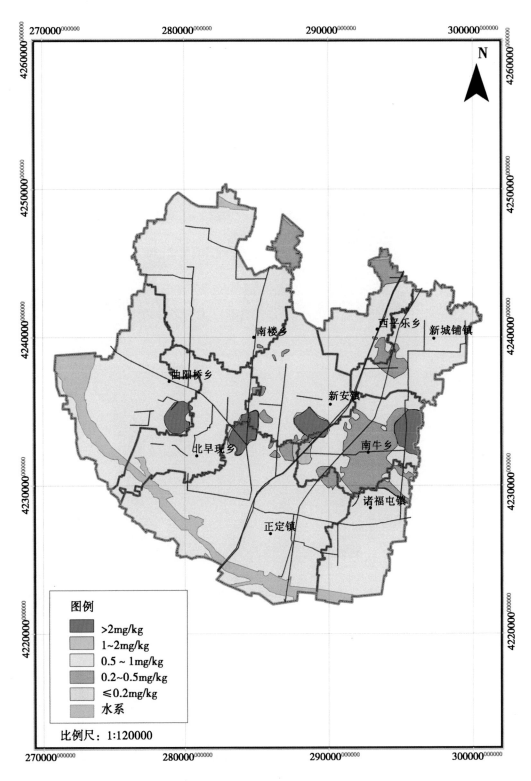

图十　正定县耕层土壤水溶态硼含量等级图

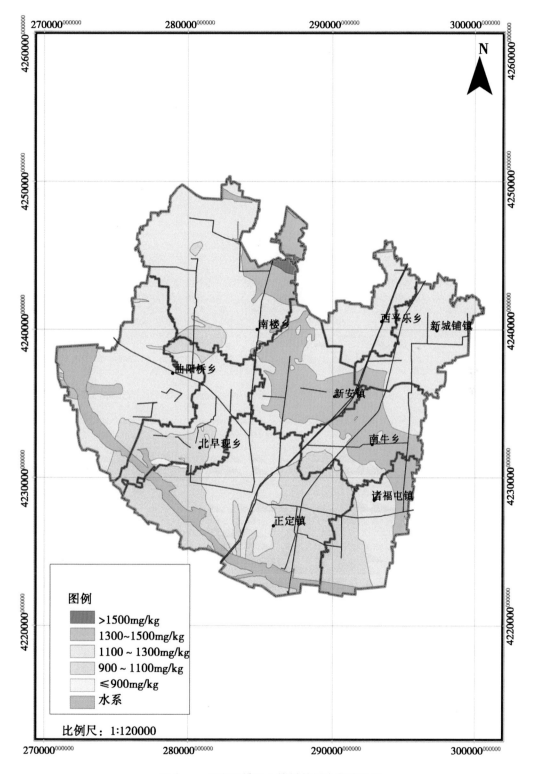

图十一　正定县耕层土壤缓效钾含量等级图